CALCUL
DE
LA RÉSISTANCE DES MATÉRIAUX

et ses applications

AUX CONSTRUCTIONS ET AUX MACHINES

spécialement à l'usage

DE

MM. LES ÉLÈVES DE L'ÉCOLE IMPÉRIALE CENTRALE

ET DE

MM. LES INGÉNIEURS, ARCHITECTES, CONSTRUCTEURS, ETC.

PAR

AL. GOULLY

INGÉNIEUR DES ARTS ET MANUFACTURES

PRIX : 6 FRANCS.

PARIS

H. ASSELIN, LIBRAIRE POUR LES SCIENCES ET LES ARTS

41, QUAI DES AUGUSTINS, 41

ET CHEZ L'AUTEUR, 8, RUE THÉVENOT

1864

CALCUL

DE

LA RÉSISTANCE DES MATÉRIAUX

Paris. — Imprimé par E. Thunot et Cᵉ, rue Racine, 25.

CALCUL

DE

LA RÉSISTANCE DES MATÉRIAUX

et ses applications

AUX CONSTRUCTIONS ET AUX MACHINES

spécialement à l'usage

DE

MM. LES ÉLÈVES DE L'ÉCOLE IMPÉRIALE CENTRALE

ET DE

MM. LES INGÉNIEURS, ARCHITECTES, CONSTRUCTEURS, ETC.

PAR

AL. GOULLY

INGÉNIEUR DES ARTS ET MANUFACTURES.

PARIS

H. ASSELIN, LIBRAIRE POUR LES SCIENCES ET LES ARTS

41, QUAI DES AUGUSTINS, 41

ET CHEZ L'AUTEUR, 8, RUE THÉVENOT

1864

ERRATA.

Pages.	Lignes.				
5	15	*retranchez :*	aussi.		
8	11	*au lieu de :*	cociffient,	*lisez :*	coefficient.
8	14	—	lougeur	—	longueur.
8	15	*lisez :*	pour un mètre carré.		
8	23	*au lieu de :*	colone,	*lisez :*	colonne.
9	2	—	des,	—	les.
11	13	—	était,	—	étant.
32	23	—	du levier;	—	du levier,
39	4	—	située,	—	situé.
53	3	—	$\frac{T}{bh}\left(1+\frac{bh}{12\omega+2bh}\right)$,	—	$-\frac{T}{bh}\left(1+\frac{bh}{12\omega+2bh}\right)$.
55	6	—	intérieures,	—	extérieures.
58	18	—	équateur,	—	équations.
62	3	—	équateur,	—	équation.
64	13	—	et soumise,	—	est soumise.

PRÉFACE

Connaissant les difficultés que l'on rencontre dans l'application des théories de la résistance au calcul des diverses pièces des constructions et les lenteurs qu'elles entraînent dans la confection des projets, j'ai pensé être utile à mes camarades à venir et peut-être aussi aux anciens, en faisant, si je puis m'exprimer ainsi, une sorte de complément aux belles leçons de notre cher professeur, M. Bélanger, sur cette matière.

En écrivant ces pages, je me suis bientôt rendu compte de la nécessité de dire quelques mots sur la théorie pure, afin qu'il y ait plus de liaison dans l'ensemble des idées que je me suis proposé de développer. Ces notions succinctes, synoptiques même, pourront être utiles aux personnes étrangères à l'étude de la résistance des matériaux, mais possédant des connaissances suffisantes en mécanique.

Mon but principal a été de présenter des exemples assez nombreux, afin de donner la marche pour distinguer les forces extérieures auxquelles un corps est soumis et re-

CHAPITRE PREMIER.

EXTENSION.

§ I. — Établissement des formules théoriques.

Définition de la tension et des divers allongements.—AB (*fig.* 1) est une pièce prismatique fixée immuablement au point A. La droite, qui joint les centres de gravité des sections extrêmes, A et B, est l'axe moyen de la tige. Si en B des forces sont uniformément réparties sur la section, et si leur résultante, qui est appliquée au centre de gravité de cette section, est dans la direction de l'axe moyen, il y a deux circonstances à considérer :

1° La résultante ayant le sens AB, la tige est en état de tension ;

2° La résultante ayant le sens contraire, BA, la tige est en état de compression.

Examinons la première hypothèse.

En supposant, ce qui n'est pas rigoureux, que les molécules qui étaient dans un plan aussi perpendiculaire à l'axe restent dans un plan aussi perpendiculaire à l'axe quand on charge la tige, chaque tranche tend à se séparer de celle qui la précède ; il y a un accroissement de la distance δ des molécules, et l'équilibre n'est rétabli que quand la résultante des forces extérieures, augmentée de la force répulsive, égale la force attractive. Chaque couche exerce donc sur celle qui lui est supérieure une action qui se transmet de tranche en tranche jusqu'à l'extrémité A, et la somme de toutes les augmentations des distances δ donne l'allongement total, dont s'accroît la longueur de la tige.

Si l'on supprime les poids, les forces extérieures, il arrive ce fait que le prisme ne reprend pas exactement sa longueur primitive. Celle-ci est additionnée d'une quantité variable avec l'intensité de l'effort et désignée sous le nom d'*allongement permanent*.

En retranchant l'allongement permanent de l'allongement total, on a la valeur de l'allongement dit élastique. C'est-à-dire qu'en chargeant la tige sans secousse des mêmes poids qui ont produit l'allongement permanent, la longueur augmente précisément d'une quantité égale à l'allongement élastique, pour reproduire l'allongement total. Il est en effet naturel de penser, et l'expérience des constructions stables le prouve, que les causes du phénomène étant les mêmes, les conséquences doivent être identiques.

Limite absolue d'élasticité. — L'intensité du poids le plus fort qui ne produit pas d'allongement permanent, combinée avec la durée de son action, marque la limite d'élasticité d'une substance, car au delà, après la suppression des poids, la tige, ne reprenant pas exactement sa forme première, n'est plus douée d'élasticité parfaite.

On a controversé très-longtemps au sujet de cette limite; M. Lamé croit qu'elle existe dans tous les corps; M. Wertheim affirme qu'elle est nulle dans tous. Cette question n'est importante qu'au point de vue des conséquences que la science peut en tirer. L'art de la construction n'exige pas de limite rigoureuse; au contraire, si elle existe, on la dépasse jusqu'à un certain point et en toute sécurité; ce qui donne des dimensions plus pratiques et plus économiques.

Relation entre la charge et la déformation.

— Des expérimentateurs habiles ont fait des essais précis pour établir une relation entre la charge et la déformation.

Voici un extrait emprunté à l'ouvrage de M. Bélanger, qui résume les expériences de Hodgkinson faites sur une tige de fer :

CHARGE par millimètre carré, en kilog.	ALLONGEMENT EN MILL. PAR MÈTRE			RAPPORT de l'allongement permanent à l'allongement total.	QUOTIENT de la charge divisée par l'allongement élastique.
	Total.	Permanent.	Élastique.		
k.	mm.				
1,87	0,082		0,082		22,8
3,75	0,185		0,185		20,2
5,62	0,284	0,003	0,281	0,009	20,0
7,50	0,380	0,003	0,377	0,009	19,9
9,37	0,475	0,004	0,471	0,009	19,9
11,25	0,571	0,005	0,566	0,009	19,9
13,12	0,666	0,007	0,659	0,010	19,9
15,00	0,760	0,010	0,750	0,013	20,0
16,87	0,873	0,033	0,840	0,038	20,1
18,75	1,015	0,085	0,930	0,082	20,2
20,64	1,283	0,262	1,021	0,204	20,2
30,00	17,888	16,515	1,373	0,923	20,8
35,62	34,935	32,820	2,115	0,940	17,0
37,46	Rupture de la tige.				

A 13 k. 12 l'allongement permanent n'est que 0.01 de l'allongement total ; on peut à la rigueur le considérer comme nul, et dire : Jusqu'à la charge de 13 k. 12 par millimètre carré de section, la tige se comporte comme si elle était complétement élastique ; mais au delà son élasticité est altérée puisque en agissant avec un poids supérieur à 13 k. 12 une partie de la déformation subsite.

Soient :

n, en kilogrammes, la charge par millimètre carré ;

ΔL, en millimètres linéaires, l'allongement élastique pour toute la longeur L, exprimée en mètres,

$\frac{\Delta L}{L} = i$ est l'allongement proportionnel ou par mètre indiqué dans la quatrième colonne.

On a

$$n = f(i).$$

S'il était nécessaire, on développerait en série

$$n = Ei + E'i^2 + E''i^3 + \ldots,$$

mais $\frac{n}{i}$, qui est calculé dans la sixième colonne, a une valeur à peu près constante jusqu'à 30 kil. ; on peut donc écrire

$$n = 20 . i.$$

20 est le cociffient d'allongement; il représente le poids en kilog. qu'il faut mettre à l'extrémité d'une tige en fer pour augmenter sa longueur d'un millimètre par mètre. Pour doubler la longeur, la charge par millimètre carré serait $20 . 10^3$ et pour mètre carré $20 . 10^9$.

Si Ω est l'aire de la section en millimètres carrés; $n\Omega = N$, la charge totale, la formule devient

$$N = E\Omega i,$$

qui est la même pour tous les matériaux.

Pour le fer $E = 20 . 10^9$ en prenant pour unité le mètre.

§ II. — Résistance du fer à l'extention.

MM. Bornet et Ardant ont dressé les colones suivantes, en opérant, le premier sur une barre de fer de 49 mill. 50 de diamètre et 6 m. 42 de longeur, le second sur des fils de fer doux et sur des fils recuits :

FER A CABLE DUCTILE.		FILS DE FER.		
			Allongement par mètre courant.	
Charge par millim. q.	Allongement par mètre courant.	Charge par millim. q.	Fer doux ou recuit.	Fer dur ou non recuit.
k.	mm.	k.	mm.	mm.
2	0,08	5	0,294	0,260
6	0,31	10	0,588	0,520
10	0,47	12	0 882	0,780
16	0,86	15	1,176	1,040
20	15,76	20	1,470	1,300
26	46,96	25	2,500	1,569
30	89,39	30	13,000	
32	132.48	40	20,500	
	Rupture.		Rupture.	
		42 5		2,820
		45		3,100

Pour représenter d'une manière saisissante ces résultats, (*fig.* 2), il est utile de dresser des courbes avec des allongements pour abscisses et les charges pour ordonnées, et l'on y voit, d'une façon évidente, ce qu'indiquent les expériences de Hodgkinson, que les allongements proportionnels sont en raison directe des charges jusqu'à une certaine limite variable avec la nature de la substance. La relation algébrique qui lie ces deux grandeurs est l'équation d'une droite passant par l'origine.

L'élasticité s'altère très-rapidement pour les fers en barre ; l'altération ne commence qu'à 30 k. pour les fers doux ; enfin les fils durs conservent leur élasticité jusqu'au moment de la rupture. Ceci revient à dire que les fers doux préviennent, par un allongement excessif, qu'on peut facilement constater, qu'ils sont sur le point de rompre.

Puissance vive d'élasticité. Puissance vive de rupture. — M. Poncelet a établi une théorie qui permet de se rendre compte d'un autre fait. Puisque les tiges subissent un allongement, les forces auxquelles on les soumet effectuent un travail égal au produit du nombre mesurant leur intensité par le chemin parcouru ou l'allongement, en sorte que ce travail est représenté par $\Sigma n.di$. L'aire des courbes ci-dessus, jusqu'à la charge répondant à la limite d'élasticité pratique, donne ce que M. Poncelet appelle la résistance vive d'élasticité, mais qu'il est mieux, d'après des idées plus nettes qui commencent à se répandre dans l'enseignement de la mécanique, de désigner sous le nom de *puissance vive d'élasticité* pour l'unité de longueur et de surface. Par analogie, l'aire effectuée jusqu'à la charge de rupture constitue la puissance vive de rupture.

Ces deux travaux diffèrent moins pour les fers durs que pour les fers doux et pour les fers doux que pour les fers en barre.

Effet des chocs sur les fers durs et sur les fers doux. — Lorsque deux corps se choquent, il n'y a aucune perte de puissance vive s'ils sont élastiques parfaitement ; mais dans le cas contraire et si l'un d'eux est fixe, toute la puissance vive que possède le corps en mouvement, c'est-à-dire

$$\frac{1}{2}\frac{P}{g}.v^2,$$

est perdue en travail intestin.

Qu'une tige reçoive un choc dans le sens de sa longueur et à son extrémité, et que le travail anéanti le soit tout entier par le travail des efforts moléculaires développés dans la barre, la théorie prouve qu'elle est d'autant plus résistante qu'elle est plus longue et d'un métal plus doux, car pour un même travail qui peut être représenté par

$$PiL,$$

P étant une valeur moyenne des efforts qui produisent les allongements jusqu'à i, plus i et L seront grands, moins P sera considérable. La conclusion est que les métaux doux résistent mieux aux chocs que ceux qui sont durs.

§ III. — Résistance de la fonte à l'extension.

M. Hodgkinson a expérimenté sur la fonte comme sur le fer ; les tiges avaient 6 c. q. 45 de section et 1 m. 25 de longueur, elles étaient formées par l'assemblage de barres de 3 m. 25 chacune. Le résumé des expériences est dans le tableau suivant :

CHARGES par millimètre q.	ALLONGEMENT PROPORTIONNEL par mètre		MODULE D'ÉLASTICITÉ ou coefficient d'allongement.
	Total.	Permanent.	
k	mm		
0,739	0,07	0,0018	9,8
1,110	0,11	00,015	9,7
1,481	0,15	00,089	9,5
2,206	0,20	00 146	9,2
2,962	0,42	00 220	9,09
3,702	0,41	0,0310	8,89
4,443	0,55		8,7
5,174	0,61		8,4
5,924	0,71		8,2
6,665	0,82		8,0
7,405	0,96		7,8
8,116	1,06		7,6
10,396	1,54		6,7

Si l'on dresse une courbe avec les valeurs de ce tableau, on voit qu'elle s'incline plus à l'origine que les courbes relatives aux fers ; jusqu'à 6 kilogrammes les allongements sont à fort peu près proportionnels aux charges ; le coefficient d'élasticité était suffisamment constant, entre la charge égale à 0.73 et celle égale à 6 k. 92, on peut assurément écrire pour la fonte comme pour le fer :

$$N = E\Omega i.$$

Sous des charges plus fortes que 6 kil. 92, les allongements augmentent plus que proportionnellement aux poids, quoique assez lentement jusqu'à la rupture même, qui se produit sous 11 k. 325 moyennement.

§ IV. — Résistance des tôles à l'extension.

Des pièces de tôle, oblongues dans le sens du laminage et d'autres dans le sens perpendiculaire, ont été soumises à des efforts de traction longitudinale; on a constaté que les tôles venant de fontes au bois et martelées sont plus résistantes quand on les sollicite dans le sens des fibres (*fig.* 3).

La moyenne de la charge de rupture est 31-38 pour la traction dans le sens du laminage,

28-48 pour la traction dans le sens perpendiculaire.

M. Fairbairn a fait des études sur des tôles fabriquées avec des fers corroyés, laminés à diverses reprises et même dans tous les sens; il a trouvé que la différence de ténacité dans les deux cas est insensible.

Les nombres qu'il a obtenus sont :

34-46 dans le sens des fibres et

35-25 dans celui qui est perpendiculaire.

§ V. — Résistance des bois à l'extention.

MM. Chevandier et Wertheim s'accordent à dire que la limite d'élasticité n'existe pas pour les bois; donc il y a toujours un allongement permanent répondant à une charge donnée. Les bois humides prennent plus facilement des allongements permanents.

ESSENCE DES BOIS.	DENSITÉ relative rapportée au mètre cube.	COEFFICIENT d'élasticité rapporté au m.m. linéaire.	LIMITE d'élasticité ou charge par mm q. correspondant à cette limite.	COHÉSION ou charge par millimètre produisant la rupture.	OBSERVATION.
			k	k	
Acacia	717	1261,9	3,188	7,93	La limite pratique de charge n'est que $\frac{1}{10}$ de la charge marquant la limite d'élasticité.
Sapin	493	1113,2	2,153	4,18	
Charme	756	1085,3	1,282	2,99	
Bouleau	812	997,2	1,617	4,30	
Hêtre	823	980,4	2,317	3,57	
Chêne pédonculé	808	977,8	»	6,49	
Chêne à gland sessile	872	921,8	2,349	5,66	
Pin silvestre	559	564,1	1,633	2,48	
Orme	723	1165,3	1,842	6,99	
Sycomore	692	1163,8	1,139	6,18	
Frêne	697	1121,4	1,246	6,78	
Aulne	601	1108,1	1.121	4,54	
Tremble	602	1075,9	1,035	7,20	
Erable	674	1021,4	1,068	3,58	
Peuplier	477	517,2	1,007	1,97	

§ VI. — Influence diverses faisant varier la limite d'élasticité.

Étirage, écrouissage, recuit. — La fabrication des fils de fer suivie dans ses moindres détails donne des indications des plus utiles et des plus intéressantes. La pratique apprend que l'effort subi par le métal qui passe à la filière modifie l'équilibre de ses molécules à tel point qu'on ne peut l'amener à son plus petit diamètre sans l'opération particulière du recuit, suivie d'un refroidissement lent. En diminuant de diamètre le fil s'écrouit, il devient dur, c'est-à-dire que par la compression les molécules sont refoulées les unes vers les autres et forment une masse plus dense, plus compacte; en même temps il devient plus sujet à se rompre, parce que ses allongements sont relativement plus petits que ceux du fil recuit (§ I).

En soumettant le métal à un ou plusieurs feux, il se produit un nouvel équilibre des molécules, qui permet un ou plusieurs autres passages à la filière. Les feux sont d'autant plus nombreux que le métal est plus dur. La vitesse du fil qu'on étire doit avoir une grande influence sur les qualités du métal après l'opération. Le recuit augmente un peu le rayon; il semble que cela doive détruire tout ou partie de l'allongement permanent. La communication de chaleur augmente la ductilité, c'est-à-dire la propriété qu'ont les métaux de pouvoir être étirés en fil ou réduits en barre, mais non pas la ténacité, c'est-à-dire la résistance à la rupture, puisque le fer doux rompt sous 40 kil. et le fer dur sous 45. La limite d'élasticité, si elle existait, diminuerait avec le recuit, car le fer doux, par exemple, sous une faible charge, prend un allongement alors que le fer dur rompt sans presque avoir augmenté de longueur.

On a d'ailleurs remarqué que la ductilité est plus grande quand la différence entre la limite d'élasticité pratique et la ténacité est plus considérable.

Cémentation, fusion de l'acier. — Dans l'acier l'homogénéité et la bonne proportion de charbon augmentent le ressort ou la ténacité et la malléabilité. La cémentation ne donne pas une carburation uniforme : l'acier se rapproche du fer dans certains points, dans d'autres sa composition s'éloigne peu de celle de la fonte. Le centre des pièces cémentées est toujours plus ou moins ferreux ; on est obligé de raffiner des trousses, composées convenablement, pour bien répartir le charbon dans la masse.

Pour éviter de réchauffer les aciers, ce qui diminue la quantité de charbon, et pour donner une homogénéité plus parfaite, on les fait fondre et on les coule en lingots pour les marteler en suite.

Air chaud, air froid dans la fabrication des fontes. — L'air chaud et l'air froid n'ont pas une influence bien constatée sur la ténacité des fontes. Les résultats ont été contradictoires. Cela peut provenir de l'extrême délicatesse des hauts fourneaux.

Le soufre diminue la solidité des fontes à froid et à chaud ; il tend à les blanchir et donne lieu à des soufflures. Le phosphore rend les fontes plus fluides, plus cassantes à froid, mais malléables à chaud. Le silicium ne paraît pas altérer la qualité des fontes elles-mêmes, mais l'affinage est plus difficile et le fer qu'on obtient est plus fragile.

Humidité. — Il importe de savoir que les bois, les cordages en chanvre, s'ils sont humides, prennent de plus grands allongements. On conçoit combien il est nécessaire d'exposer les pièces de bois à des courants d'air qui dessèchent leurs surfaces.

§ VII. — Limite pratique d'élasticité.

La limite d'élasticité, telle que je l'ai définie au § I, n'existe pas selon certains auteurs. D'autres ont cru la constater, mais le poids qui sert à l'exprimer est excessivement faible. Si la pratique exigeait d'employer les matériaux de façon à ne pas leur faire prendre d'allongements permanents, les dimensions des pièces seraient impraticables. Les praticiens sont convenus de ce que la limite d'élasticité soit marquée par le poids qui produit un allongement permanent insensible par rapport à l'allongement total. Ce poids est $13^{k},12$ dans les expériences de Hodgkinson sur le fer, et l'allongement permanent n'est que 0,01 de l'allongement élastique.

Si l'on craint des vibrations, des chocs, il sera bon de prendre une limite bien inférieure. Ainsi, dans ce cas, la limite pour les fers cités sera 6 kil., je suppose.

Enfin l'expérience apprend que si une tige reste longtemps chargée d'un poids, l'allongement permanent croît avec le temps.

Les ingénieurs feront des expériences sur le métal qu'ils doivent employer ; ils détermineront E et la limite d'élasticité ; puis, mettant à profit ces considérations, arrêteront le poids qu'ils feront supporter d'une manière permanente à l'unité superficielle.

Voici deux tableaux qui pourront guider dans l'étude d'un avant-projet :

MATÉRIAUX.	ALLONGEMENT relatif à la charge limite d'élasticité naturelle.	CHARGE par mm. q. marquant la limite d'élasticité naturelle.	VALEUR du coefficient E rapporté au mm. linéaire.
	mm	k	
Chêne.	$\frac{1}{600}$ 0,00167	2,00	1200
Sapin.	$\frac{1}{850}$ 0,00117	2,17	854
Hêtre.	$\frac{1}{570}$ 0,00175	1,63	930
Frêne.	$\frac{1}{414}$ 0,00242	2,35	970
Fer doux passé à la filière. . .	$\frac{1}{1250}$ 0,00008	14,75	18000
Fer en barre..	$\frac{1}{1520}$ 0,00066	12,205	20000
Acier d'Allemagne.	$\frac{1}{835}$ 0,00120	25,00	21000
Acier fondu trempé à l'huile. .	$\frac{1}{4500}$ 0,00220	66,00	30000
Acier ordinaire recuit au blanc.	» »	»	18045
Fonte de fer à grains fins. . . .	$\frac{1}{1200}$ 0,00083	10,00	12000
Fonte de fer grise..	$\frac{1}{1400}$ 0,00078	6,00	9096
Fils de cuivre étirés..	» »	»	12000
Fils de cuivre recuits.	» »	«	10500
Laiton fondu.	$\frac{1}{1320}$ 0,00076	4,80	6450
Plomb fondu..	$\frac{1}{477}$ 0,00210	1,00	500
Zinc..	» »	»	9600
Étain.	» »	»	3200

MATÉRIAUX.	EFFORT par millimètre quarré produisant la rupture.	T ou l'effort par mm. q. qu'on peut faire supporter.
	k	
Chêne	8	0,8
Chêne faible	6	0,6
Tremble	6 à 7	0,6 à 0,7
Sapin	8 à 9	0,8 à 0,9
Frêne	6,7 à 12	0,67 à 1,2
Orme	10,40	1,04
Hêtre	8	0,8
Fer forgé ou étiré	60	10,00
Fer en barre	25	4,16
Tôles fortes dans les deux sens	35	6
Fer ruban très-doux	45	7,50
Fil de fer, non recuit, faible diamètre.	90	15
Fil de fer, fer faible, et grand diamèt.	50	8,33
Fils en faisceaux ou câbles	30	5
Fonte grise { coulée verticalement	13,50	2,25
Fonte grise { coulée horizontalement	12,50	2,17
Acier de bonne fabrication	100	16,76
Acier en gros échantillons, mal trempé	36	6
Bronze	23	3,83
Cuivre rouge { laminé	21 à 26	3,50 à 4,33
Cuivre rouge { battu	25	4,17
Cuivre rouge { fondu	15,4	2,53
Laiton en fil	12,60	2,10
Fils de cuivre rouge { recuits	70 p^r 1^{mm} de diamètre 40 p^r 2 à 3 millimètres	11,76 à 6,67
Fils de cuivre rouge { non recuits	85 p^r 1^{mm} de diamètre 50 p^r 2 à 3 millimètres	14,16 à 8,38
Zinc fondu	3	0,50
Zinc laminé	6	1
Plomb fondu	5	0,83
Plomb laminé	1,28	0,21
Étain	34	5,67
Aussières et grelins en chanvre. { 13 à 14 mm. de diamètre.	8,80	4,40
Aussières et grelins en chanvre. { 23 mm. de diamètre.	6	3,00
Cordages goudronnés	4,40	2,20
Courroie en cuir	»	0,20

CHAPITRE II.

COMPRESSION SIMPLE.

§ I. — Établissement des formules théoriques.

A la définition de la compression donnée au chapitre I, il faut ajouter qu'il est nécessaire d'empêcher toute flexion du prisme ; autrement ce n'est plus le phénomène de la compression simple qui fait l'objet de cette étude. Quand on comprime les corps, on obtient des effets variant suivant l'état moléculaire de ces corps ; ceux qui sont grenus (comme la pierre, la fonte) sont écrasés en se fendillant, et, si les prismes sont cubiques, ils se partagent en pyramides ayant pour sommet commun le centre et pour bases les faces du cube ; dans ceux qui sont fibreux (comme le bois, le fer) et d'une petite longueur relativement aux dimensions de la base, les fibres refoulées s'écartent, les corps renflés à leur pourtour vers le milieu de la hauteur sont écrasés sans fléchir, mais si la longueur prend un grand excès, les prismes comprimés d'abord, fléchissent et rompent enfin.

Il est facile de prévoir que, en agissant sur une tige analogue à celles qui ont servi à déterminer les lois de l'extension, si on la place debout, en empêchant sa flexion par un bâti qui l'étaye convenablement et en ayant soin de graisser les points de contact afin que le frottement n'intervienne pas pour troubler les résultats, elle sera comprimée proportionnellement aux poids dont on la chargera et le coefficient d'élasticité sera le même que celui de l'extension. En effet, il n'est pas probable, même *à priori*, qu'il y ait discontinuité entre le phénomène de la tension et celui de la compression, et on sent bien que si une courbe répésente la loi suivant laquelle varient les allongements et les diminutions de longueur par rapport aux charges, elle ne présentera pas de brisure à l'origine (*fig.* 4). Ce raisonnement conduit à adopter la formule

$$N = E\Omega i.$$

Il est utile de remarquer que cette relation est basée sur ce que, dans une certaine étendue, on remplace par une ligne droite la courbe représentant le phénomène, soit pour la tension, soit pour la compression (*fig.* 5). On n'a plus que les équations de deux droites

$$N' = E'\Omega i,$$
$$N'' = E''\Omega i.$$

Dans un cas i est un allongement, dans l'autre une diminution de longueur. En joignant c, le milieu de AB, avec l'origine, on obtient la droite oc dont l'équation est

$$\frac{N' + N''}{2} = \frac{E' + E''}{2} . \Omega . i.$$

Donc en faisant

$$\frac{E' + E''}{2} = E$$

et en adoptant $N = E\,\Omega\, i$ pour la tension comme pour la compression, on représente par une même droite les deux phénomènes et on peut dire que le coefficient d'élasticité du métal est E.

§ II. — Résistance de la fonte à la compression.

Expériences faites sur des tiges. — Les expériences de M. Hodgkinson ont été faites sur des barres de $3^m,05$ de longueur sur $6^{cq},45$ de section. De temps en temps, on faisait vibrer la tige afin d'empêcher son adhérence avec les points de contact.

CHARGE en kilogrammes par millimètre quarré.	COMPRESSION PAR MÈTRE DE LONGUEUR		COEFFICIENT d'élasticité, toutes les dimensions étant en millimètres.
	permanente.	totale.	
k	mm	mm	k
1,451	0,156	0,0059	9292,781
2,902	0,323	0,0188	8986,080
4,393	0,497	0,0333	8744,071
7,255	0,828	0,0705	8761,470
10,155	1,179	0,1170	8611,720
13,059	1,541	0,1708	8474,260
14,510	1,971	0,2068	8148,391
17,412	2,078	0,3681	8216,480
20,321	2,473	0,4581	8216,480
23,266	2,943	0,50768	7887,180

La courbe (*fig.* 6), dressée avec les déformations totales pour abscisses et les poids pour ordonnées est sensiblement rectiligne jusqu'à $17^k,41$ par millim. q., mais les allongements élastiques sont proportionnels jusqu'à $23^k,27$. Les valeurs absolues des compressions permanentes jusqu'à $17^k,41$ sont négligeables dans la pratique. Le coefficient d'élasticité moyen est 8804,764, le coefficient pour la tension est 9096,070, la moyenne des deux, qui peut être appelée le coefficient d'élasticité de la fonte sur laquelle Hodgkinson a fait des expériences est

$$8950,417.$$

Rupture par compression. — Le même auteur a

fait des expériences pour savoir quel poids produit l'écrasement de la fonte. Les résultats prouvent que les échantillons courts supportent, à diamètre égal, une plus forte charge que les échantillons plus longs, et que, toutes choses égales d'ailleurs, la résistance est proportionnelle à l'aire de la section. Dans certains cas, la rupture a lieu par la formation de cônes ou de pyramides ayant pour bases les extrémités du prisme; dans d'autres circonstances, c'est un coin qui se produit dans la masse, qui glisse en écartant la matière qui l'entoure; ce coin est tel que son angle est constant pour un métal donné et pour la fonte il est déterminé par la condition que sa hauteur soit un peu plus petite que 1 fois 1/2 la plus grande dimension de la section (*fig.* 7). Il importe de remarquer que les gros échantillons sont moins homogènes que les petits; la partie extérieure a toujours un grain plus fin, car elle se fige la première et ne suit pas parfaitement le retrait de l'intérieur dont la cristallisation troublée est plus confuse, plus irrégulière, plus grossière. Les fontes de première fusion, très-carburées, cristallisent en larges facettes, offrent une résistance à l'écrasement assez faible, 45 kil., tandis que celles provenant de seconde fusion, à grains fins, serrés, moins chargée de carbone, peuvent résister jusqu'à 100 ou 110 kil. par millimètre carré.

La moyenne de la charge de rupture par extension est 11,640.

Celle de la charge de rupture par compression est 75,000.

Le rapport de ces deux nombres est 1 : 6.

Pour déterminer les charges de rupture par compression, il faudra ne pas opérer sur des prismes trop petits, dans lesquels le coin ne se formerait pas, ni sur des prismes trop longs, qui fléchiraient; on ne fera d'expériences comparables entre elles qu'en évitant ces causes d'erreurs.

Limite pratique de la charge permanente. — Les constructeurs, pour déterminer le poids qu'on peut faire supporter au millimètre carré dans les constructions, se basent sur les résultats relatifs à la rupture. Ils prennent de $\frac{1}{6}$ à $\frac{1}{4}$ de l'effort produisant l'écrasement. Cette détermination, qui est peu logique, conduit au nombre 12 à 18 kil. par millim. q.

Il est bien préférable de tenir un raisonnement analogue à celui-ci : jusqu'à $23^k,27$ (dans l'expérience citée de M. Hodgkinson), les déformations élastiques sont proportionnelles aux charges et on a, en prenant le millimètre pour unité,

$$\begin{aligned} R = Ei &= 8.804,764 \times (0,0029 - 0,005) \\ &= 21,441 ; \end{aligned}$$

mais les ponts, les maisons dans les villes sont exposées à des vibrations ; on n'atteindra pas cette limite, on s'en tiendra, je suppose, à la moitié, d'où

$$R = 10^k,722.$$

§ III. — Résistance du fer à la compression.

M. Hodgkinson a constaté, sur des barres de $3^m,05$ de longueur sur 25 millim. d'épaisseur dans le sens transversal et disposées de façon que toute flexion soit rendue impossible, que sous les mêmes poids la fonte est comprimée deux fois plus que le fer forgé, mais celui-ci rompant sous $18^k,9$, la fonte exige une force plus que double.

Les courbes (*fig.* 8) sont construites avec les charges comme abscisses et les déformations comme ordonnées. Pour l'une des barres de fonte, la proportionnalité entre les coordonnées s'est maintenue jusqu'à 1,800 k. par c. q et pour l'autre elle s'arrête à 1,000 ; pour l'une des barres de fer elle va jusqu'à 1,800, pour l'autre jusqu'à 1,400 seulement ; mais $\frac{N}{i}$ est beaucoup plus grand pour le fer que pour la fonte.

Fonte 1e barre E =	7 500
2e barre E =	9 160
Moyenne. . . .	8 333
Fer 1e barre E =	15 640
2e barre E =	16 950
Moyenne. .	16 295

C'est-à-dire que $\frac{N}{i} =$ E est double pour le fer. Donc le fer se déforme bien moins que la fonte et on emploie de préférence le fer à moins que l'économie soit une condition indispensable ou que les déformations n'aient nulle importance. C'est en s'appuyant sur ces considérations que M. Fairbairn a conseillé l'usage exclusif du fer dans l'établissement du pont de Menay.

BARRE DE FONTE section 6[c.q],82.		BARRE DE FER 6,77		BARRE DE FONTE 6,92		BARRE DE FER 6,68	
charge par m.m.q.	compression totale.	charge.	compression.	charge.	compression.	charge.	compression.
k	mm						
3,56	1,37	3,41	0,71	3,33	1,18	3,46	0,68
4,87	1,93	6,44	1,32	6,27	2,08	6,52	1,17
6,37	2,59	9,40	1,85	7,73	2,59	9,55	1,70
7,92	3,19	10,93	2,16	9,18	3,12	12,62	2,26
9,44	3,83	12,45	2,44	12,10	4,22	14,10	2,54
12,30	4,39	13,92	2,72	13,60	4,80	15,62	2,84
13,70	5,33	15,45	3,02	15,25	5,38	17,12	3,25
15,28	6,32	16,95	3,30	18,00	6,45	18,70	3,63
18,25	7,61	18,40	3,61	20,95	7,66	20,20	4,14
21,20	9,05	19,95	3,91	23,60	9,01	21,70	4,83
24,20	10,75	21,45	4,42	26,80	10,51	»	»
27,20	12,75	22,90	5,44	29,80	12,20	»	»
30,20	14,60	»	»	32,70	14,20	»	»
33,20	17,61	»	»	35,60	16,09	»	»
36,20	21,95	»	»	»	»	»	»
42,00	rupture.	»	»	»	»	»	»

Limite pratique. — M. Hodgkinson a trouvé que le fer peut subir un raccourcissement de $0^{mm},00084$ par millim., sans que la proportionnalité de la compression aux efforts qui la produisent cesse d'exister, et ayant donné pour valeur du coefficient de compressibilité

$$E = 16.295,$$

il résulte que l'élasticité ne sera altérée que pour des charges plus grandes que

$$R = 16.295 \times 0{,}00083 = 13^{k},524;$$

de sorte que, si par prudence, on ne veut pas faire supporter d'une manière permanente plus de la moitié de cette charge, on tombe sur la valeur

$$R = 6.762.$$

Le fer résiste donc autant à la compression qu'à l'extension.

§ IV. — Résistance des pierres à la compression.

Expériences de Rondelet et expériences de M. Vicat. — 1° *Influence des assises.* — M. Vicat a soumis des cubes de pierre à la compression, ils se sont désorganisés sous l'influence d'une charge convenable et l'auteur de ces essais a reconnu la formation de pyramides ayant pour bases les faces du cube, en même temps qu'il a constaté la proportionnalité des efforts aux aires des bases. Pour se rendre compte de l'influence du nombre des assises, Rondelet avait placé les uns sur les autres des cubes et il avait remarqué que la résistance diminue avec le nombre des assises, mais cependant à partir de trois on pouvait la regarder comme constante. M. Vicat, reprenant ces expériences sur des prismes en plâtre parfaitement dressés, a trouvé que le nombre des assises n'influe presque en rien sur la résistance, car

même sans mortier. .	pour 1 cube, la résistance étant			1
	— 2	cubes ou 2 assises	elle est	0,930
	— 4	— 4	—	0,861
	— 8	— 8	—	0,834

Il attribue le résultat de Rondelet au gauchissement des joints et à l'absence du mortier, qui est évidemment employé pour répartir uniformément la pression, autant que pour lier les matériaux.

2° *Mode d'écrasement.* — M. Vicat a aussi observé la rupture des blocs cylindriques et sphériques ; si quelques instants avant la rupture on examine les parties qui ont supporté l'effort, on constate l'existence d'un coin pulvérulent dans les cylindres et un cône de cette même consistance dans les sphères (*fig.* 9) ; quand la désorganisation s'est opérée, si on continue à comprimer ces corps, le coin sépare le cylindre en rejetant A et B, et le cône divise la sphère en trois ou quatre portions.

Indications de M. Morin. — M. Morin indique les conséquences suivantes comme découlant de l'observation des constructions.

1° Les qualités physiques : la dureté, la pesanteur, la couleur, etc., ne peuvent guider sûrement pour apprécier la résistance ;

2° Les pierres du toit et du mur dans les mêmes carrières sont moins denses et moins résistantes ;

3° Pour une même nature de pierre, la forme la plus résistante est celle du cube ;

4° La résistance du cube étant 1, celle du cylindre inscrit pressé debout est 0,80, pressé suivant une génératrice, 0,32, celle de la sphère inscrite est 0,26 ;

5° Pour des figures semblables, la résistance est proportionnelle à l'aire des sections ;

6° La résistance est d'autant plus faible que les supports sont composés d'un plus grand nombre des parties;

7° La charge permanente ne doit pas excéder 1/20 de celle qui produit la rupture.

NATURE DES PIERRES.	POIDS du décimètre cube.	POIDS dont on peut charger un prisme dont $\frac{\text{hauteur}}{\text{largeur}} = 12$.
Basalte de Suède d'Auvergne.	2,95	200
Basalte tendre des Alpes.	1,95	23
Porphyre	2,87	247
Granit de Normandie.	2,66	70
Grès bigarrés des Vosges	»	20,1
Marbre noir de Flandre	2,72	79
Roche de Châtillon pure et un peu coquilleuse.	2,29	44
Liais de Bagneux, dur	2,44	44
Roche d'Arcueil.	2,30	25
Pierre de Saillancourt	2,29	12
Lambourde vergelé.	1,80	6
Briques dures, très-cuites.	1,56	15
Brique rouge.	2,17	6
Brique rouge pâle.	2,09	4
Mortier ordinaire, chaux et sable	»	3,59
Mortier ou pouzzolane de Naples..	»	3,70
Béton en bon mortier, de 18 mois	»	4,00

CHAPITRE III.

TORSION.

§ I. — Établissement des formules théoriques.

Définition de la torsion. — Un prisme A B est fixé invariablement par son extrémité A (*fig.* 10); si dans le plan de la section B agit un couple P*p* tendant à déformer le cylindre, sans changer la position de son axe moyen *o*, sans modifier la longueur ni la configuration de la section, mais seulement en faisant tourner dans leur plan et d'une certaine quantité les diverses tranches de molécules perpendiculaires à l'axe, le prisme est dans l'état de torsion.

Condition d'équilibre entre les forces moléculaires et le couple de torsion. — Des forces intérieures créées dans le solide équilibrent les forces extérieures. Chaque portion du prisme, telle que A'A' BB, abstraction faite de son poids, est en équilibre sous l'action des forces P et des forces moléculaires que la partie inférieure du plan A'A' reçoit de la partie supérieure. Les forces intérieures exercées dans le plan A'A', réciproquement par les deux couches de molécules en contact, deviennent extérieures par la suppression de AA A'A' qui ne fait plus partie du solide considéré. Elles équivalent à un couple, puisqu'elles doivent équilibrer un couple, et le prisme ne pouvant que tourner autour d'un axe vertical, les équations d'équilibre se réduisent à une équation de moment autour de cet axe. Le moment du couple des forces P est Pp, le moment des forces moléculaires est $-Pp$.

Expériences sur lesquelles on peut fonder la théorie de la torsion. — Pour connaître les lois qui lient l'angle de torsion à la longueur de la tige, à sa section et au moment du couple, Wertheim a fait des expériences sur des cylindres posés horizontalement sur des coussinets, fixés à l'une de leurs extrémités, quand l'autre portait une poulie dans la gorge de laquelle passait un lien pour supporter un poids ; de cette manière le moment du couple était maintenu constant pendant la rotation de la poulie sur elle-même.

Avec un même couple,

Les longueurs de tige étant, pour une même matière, 1, 2, 3, 4, etc., on a reconnu que la poulie tournait de ω, 2ω, 3ω, 4ω, etc. ;

donc
$$\omega = kl,$$

ω étant l'angle de rotation de la poulie mesurée sur la circonférence de rayon égal à l'unité ;

Les verges, de même composition, successivement expérimentées ayant des rayons 1, 2, 3, 4, etc., on a eu des angles égaux à ω, $\frac{\omega}{16}$, $\frac{\omega}{81}$, $\frac{\omega}{256}$, etc. ;

donc
$$\omega = k' \frac{l}{\rho^4};$$

Enfin le moment seul variant comme 1, 2, 3, 4, etc., les angles sont devenus ω, 2ω, 3ω, 4ω, etc. ;

donc
$$\omega = k'' \frac{P.p.l}{\rho^4}.$$

Les phénomènes observés semblent s'expliquer ainsi : Un élément M de la tranche inférieure, qui s'est déplacée d'une certaine quantité relativement à celle qui lui est immédiatement supérieure, tend à être ramené dans sa position relative première par une force analogue au frottement ou résistance au glissement d'un corps sur un autre, de la molécule sur la tranche supérieure.

Si $\Delta\varphi$ est cette force totale pour une portion $\Delta\omega$ de la surface, elle est en moyenne sur cet élément $\frac{\Delta\varphi}{\Delta\omega}$; c'est-à-dire que la force totale agissant sur le m. q, qui serait dans une situation analogue à la condition moyenne de l'étendue $\Delta\omega$, aurait pour valeur $\frac{\Delta\varphi}{\Delta\omega}$. Si $\Delta\omega$ devient l'élément infinitésimal $d\omega$, la force totale $\Delta\varphi$ tend vers sa différentielle infinitésimale $d\varphi$ et la forme moyenne $\frac{d\varphi}{d\omega} = \mathrm{F}$, est la dérivée de φ par rapport à ω, qu'on appelle la force moléculaire en un point donné de la section et rapportée au mètre carré, si c'est le mètre qu'on a pris pour unité ; il faut multiplier $d\omega$ par cette force pour avoir la résultante $d\omega$ des composantes du frottement sur l'élément M.

Considérons la section circulaire, sur laquelle Wertheim a opéré. $\mathrm{F}r$ est le moment de la force F, par rapport au centre de rotation, car elle agit perpendiculairement au rayon, dans une direction opposée au mouvement (*fig.* 11). F ne change pas pour tous les points à la même distance r de l'axe, puisqu'ils sont dans de semblables conditions. Donc, pour toute une couronne circulaire, le moment des forces moléculaires devient

$$\mathrm{F}2\pi r^2 dr;$$

et pour tout le cercle

$$\int_0^\rho \mathrm{F}2\pi r^2 dr = \mathrm{P}p = \frac{1}{k''}\cdot\frac{\omega}{l}\cdot\rho^4 = \int_0^\rho \frac{4}{k''}\cdot\frac{\omega}{l}\cdot r^3 dr,$$

d'où

$$F = \frac{2}{\pi . k''} . \frac{\omega}{l} . r.$$

F est proportionnel à r, voilà qui ressort encore des expériences de Wertheim.

Formules théoriques générales. — Donc, $\frac{\omega}{l} = \theta$ étant l'angle de torsion pour l'unité de longueur, r la distance d'un élément $d\omega$ à l'axe de rotation, F est proportionnelle à $d\omega$, r, θ, et pour des tiges cylindriques on a

$$Pp = \frac{1}{k''} . \frac{\omega}{l} . \rho^4.$$

Que se passe-t-il dans le cas d'une section quelconque ? Ω étant un coefficient de torsion, il vient successivement :

$$F . d\omega = G . \theta . r . d\omega,$$
$$F . d\omega . r = G . r^2 . d\omega$$
$$\int G\omega r^2 d\omega = Pp = G . \theta \int r^2 d\omega.$$

$\int r^2 d\omega$ est le moment d'inertie polaire de la section du prisme, autour du point o où elle est traversée par l'axe de torsion. En remplaçant cette intégrale par le symbole **I**o, on peut écrire :

$$Pp = G\theta I.$$

Position de l'axe de rotation des tranches du prisme. — Pour déterminer le point o, menons deux arcs quelconques dans la surface et passant par ce point. De ce que les forces F équivalent à un couple, la somme de leurs projections sur des axes quelconques passant en o est nulle et on a

$$\Sigma F_x d\omega = 0,$$
$$\Sigma F_y . d\omega = 0,$$
$$\Sigma F_x . d\omega = G\theta \Sigma r . \cos(F, x) d\omega$$
$$= G\theta \Sigma r . \sin(r . x) . d\omega = G . \theta \Sigma y . d\omega = 0,$$

donc $\Sigma y \,.\, d\omega = 0,$

de même $\Sigma x \,.\, d\omega = 0;$

Donc le point *o* n'est autre que le centre de la gravité de la surface.

Résolution des problèmes relatifs à la torsion. — Entre les quantités Ω, I*o*, P*p*, *r*, F, θ, ρ, il existe les relations

$$F = G\theta r, \tag{1}$$

$$Pp = G\theta I_0. \tag{2}$$

On voit d'abord que F est maximum au point le plus éloigné du centre de gravité de la surface et sa valeur est

$$F = G\theta\rho. \tag{3}$$

Chaque génératrice d'un cylindre de rayon *r* pris dans la masse du prisme s'infléchit et forme une hélice, dont la tangente de l'angle, qu'elle forme avec la génératrice primitive est approximativement le déplacement linéaire de la molécule qui est à l'extrémité du cylindre de 1 mètre de longueur. Ce déplacement est θr pour un cylindre de 1 m. de longueur, et tg$a$, l'angle de la génératrice avec l'hélice, est $\alpha = \theta r$ vu la petitesse de α. Pour l'arête qui est à la distance ρ,

$$\alpha = \theta\rho.$$

P*p*, I_0 et G étant données par la position des forces et leur intensité, par la section et par la nature du prisme, on a :

$$\theta = \frac{Pp}{GI_0}, \tag{4}$$

d'où

$$\alpha = \theta\rho = \frac{Pp \,.\, l}{GI_0}. \tag{5}$$

En mesurant directement l'angle de torsion θ, le moment d'inertie de la section et le moment du couple Pp, G sera déterminé pour toutes les distances sur lesquelles on expérimentera, car

$$G = \frac{Pp}{\theta I_0}. \tag{6}$$

§ II. — Résultats d'expérience.

M. Morin cite les observations de M. Duleau sur le fer; mais les résultats concordent si peu, il est si difficile d'y trouver une loi que je ne les rapporte pas; il est seulement utile de remarquer que 6 786 325 000 est la moyenne des valeurs de G, calculées d'après la formule (6) en prenant le mètre pour unité.

Les expériences, rapportées par le même auteur et exécutées sur la fonte, sont plus concluantes. On s'est servi d'un arbre aux extrémités duquel étaient des prismes à base carrée pour l'encastrer d'un bout et de l'autre pour lui adapter un levier d'une longueur de deux mètres; un plateau de 240 kil. pendait à l'extrémité du levier, et le centre de gravité du système était situé à 0,80 du centre de l'arbre. Ce poids de 240 kil. appliqué à 0,80 revient à un poids de 96 kil. appliqué à 2 m., car

$$\frac{240 \times 0,80}{2} = 96.$$

C'est ce qu'il aurait fallu ajouter à la charge pour avoir la force P totale; mais sous le poids simple du levier; il a pu se produire des effets de torsion difficiles à apprécier, il était donc plus commode d'examiner le phénomène à partir d'une certaine charge.

Résumé d'expériences faites sur des prismes dont

$$b = 1.50 \text{ et } I_0 = \frac{M}{2} . \overline{0,05}^4.$$

ORIGINE de la fonte.	CHARGE du plateau.	ANGLE de torsion θ.	COEFFICIENT calculé d'après $G = \frac{Pp}{\theta l_0}$, tout étant rapporté au mm. pour unité.	VALEUR moyenne de G.
		°	k.	
Fonte écossaise grise à gros grains.	100	0,50	3,484	
	200	1,25	2,794	
	300	2,00	2,613	
	400	2,50	2,787	
	500	3,50	2,488	
	600	4,25	2,459	
	700	5,00	2,439	2,447
	800	5,75	2,480	
	900	6,50	2,412	
	1000	7,25	2,403	
	1100	8,50		
	1200	9,50		
	1300	11,00		
	1400	13,25		
	1500	15,00		
	1600	Rupture.		
Fonte Bouchot à grains de grosseur variable, grise de bonne qualité.	400	2,50	2,787	
	700	5,75	2,120	
	1000	8,50	2,049	
	1100	9,25	2,041	
	1300	11,00	2,058	
	1400	12,00	2,029	2,071
	1500	13,00	2,010	
	1600	14,50	1,931	
	1680	15,25	1,919	
	1780	16,25	1,908	
	1880	17,75		
	1980	18,75		
	2080	20,25		
	2180	Rupture.		

Dans ces expériences l'accord est très satisfaisant. Depuis les torsions 3°, 50 jusqu'à celles de 7°, 25, pour les fontes écossaises, et de 5°, 75 à 16°, 25, pour les fontes Bouchot, le coefficient varie très-peu; dans les premiers résultats la moyenne de G, depuis 3°, 5 jusqu'à 7°, 25, est 2,447; dans les seconds la moyenne est 2,071.

Limite de l'angle de torsion. — L'angle de torsion est déterminé, d'une part, de façon à ne pas dépasser la limite d'élasticité, et d'autre part, de telle sorte que les déformations ne nuisent pas trop à la régularité des machines. En rappelant que $\theta\rho$ est l'angle qu'il s'agit de limiter, que $F = G\theta\rho$, on a F l'effort moléculaire maximum, qui s'exerce au point de la section le plus éloigné du centre de gravité. Si l'on admet que pour le fer forgé $\theta r = 2^{mm}\,3$, $F = G\theta.\rho$ devient $F = 6 \times 2.3 = 14$ par millim. carré.

Pour parer aux éventualités, on se tiendra bien au-dessous de cette limite; mais on voit qu'il est permis de supposer en moyenne $F = 6$ K. Si l'on prend le mètre pour unité, I_o est divisé par 10^{12}, Pp par 10^3; quant à θ, il ne change pas étant le rapport de l'axe au rayon, et il vient $F = 6.10^9$.

Voici divers renseignements tirés de l'ouvrage de M. Morin.

INDICATION DES MATIÈRES.	VALEURS DE G.	LIMITES PRATIQUES DE F.
	k.	k.
Fer doux	6,000	»
Fer en barre	6,666	4 à 6
Acier d'Allemagne	6,000	6
Acier fondu très-fin	10,000	»
Fonte	2,000	1,334
Cuivre	4,366	»
Bronze	1,066	»
Chêne	0,400	0,266
Sapin	0,433	0,288

CHAPITRE IV.

ÉTUDE GÉNÉRALE DES DÉFORMATIONS D'UN SOLIDE SENSIBLEMENT PRISMATIQUE EN REPOS, SOUMIS A DES FORCES EXTÉRIEURES, ET DES FORCES INTÉRIEURES QUI EN RÉSULTENT.

§ I. — Théorie générale de la flexion.

Notions d'expérience. — Galilée, Mariote, Leibnitz, pensaient que par la flexion toutes les fibres d'un prisme s'allongeaient. Duhamel du Monceau a fait des expériences sur le saule, dont l'homogénéité est très-grande ; il a disposé successivement sur des appuis, éloignés de 0,935, des pièces de 0,675 de longueur sur $0^m,04$ d'équarrissage, chargées en leur milieu au moyen d'un plateau de balance. Chaque pièce d'une seconde série de prismes analogues a reçu, en son milieu et sur la face supérieure, un trait de scie transversale qui a été prolongé jusqu'au tiers de l'épaisseur. Une troisième série a présenté des traits de scie allant jusqu'à 1/2 de l'épaisseur, une quatrième aux 3/4. Il a comblé le vide laissé par la scie au moyen d'une planchette de chêne, sur laquelle appuyaient les fibres. Les pièces sciées mises en expérience ont à peine été affaiblies, le phénomène n'ayant pas été troublé, et même il est permis de penser que la planchette de chêne, étant plus résistante que le saule, a contribué à la légère augmentation qu'on observe dans les charges de rupture en faveur des prismes sciés. Ces faits sont inscrits dans les tableaux suivants ; on peut y remarquer encore que les solides intacts cèdent moins facilement à la flexion.

Résultats des expériences faites sur des pièces de 0,975 de longueur et 0,04 d'équarrissage.

Pièce entière,	charge de rupture.	256,91
Pièce sciée au 1/3,	—	269,71
— 1/2,	—	265,31
— 3/4,	—	259,76

Résultats d'expériences faites sur des pièces de 0,975 de longueur et 0,034 sur 0,016 d'équarrissage.

DÉSIGNATION DES SOLIDES.	FLEXIONS correspondant aux charges.			CHARGE produisant la rupture.	CHARGE de rupture moyenne.
	$24^k,475$	$36^k,712$	$73^k,75$		
	mm	mm	mm	k	k
Pièces entières.	13,54	21,46	58,65	73,75	70,65
	15,79	22,51	54,15	67,55	
4 traits à 1/3 de l'épaisseur.	19,18	33,84	71,05	69,51	64,65
	19,18	30,61	68,79	65,59	
	23,10	37,35	66,55	58,86	
4 traits à la 1/2	19,74	31,02	66,55	77,66	71,62
	20,84	32,84	68,79	65,59	
4 traits à 2/3.	21,46	34,40	77,85	72,20	66,94
	18,05	33,84	82,34	61,68	

Les épreuves que M. Dupin a fait subir à des pièces posées également sur appuis et fléchies au moyen de poids ont eu pour conséquence de prouver que la déformation est plane : ainsi des lignes normales aux deux surfaces primitives y sont restées perpendiculaires après la flexion (*fig.* 12). En mesurant les intervales, 11, 22, on aurait constaté que les fibres supérieures étaient comprimées, que celles inférieures étaient allongées ; on ne l'a pas fait, mais en rapprochant ces résultats de ceux obtenus par Duhamel du Monceau, on conclut l'existence d'une fibre neutre, c'est-à-dire n'ayant aucune déformation et sur laquelle la tranche plane des molécules reste perpendiculaire en opérant une rotation autour de son intersection.

Les observations de MM. Hodgkinson, Fairbairn et Clark prouvent que dans les métaux les fibres de la partie concave sont comprimées, celles de la partie convexe allongées ; on a remarqué à la partie concave des pièces en fonte fléchies la formation d'un coin qui se détache et saute au moment de la rupture ; cette projection indique bien une compression.

Déplacements simples de la section d'un prisme. — Ce qu'il importe surtout de constater, c'est le fait de la déformation plane, fait déjà vérifié pour l'extension, la compression et la torsion, et que l'on peut admettre pour tous les cas.

Les raisonnements qui vont suivre s'appliqueront, comme tous ceux qui précèdent, à des solides homogènes, c'est-à-dire ayant les mêmes propriétés élastiques en chaque point de leur section ; de plus ils seront indépendants de la forme longitudinale de la pièce, pourvu que dans l'intervalle de deux sections normales à la fibre moyenne et très-voisines on puisse la regarder comme prismatique, ce qui revient à admettre que le rayon de courbure de la fibre moyenne est très-grand relativement à ses dimensions transversales.

1° *Translation parrallèle à l'axe moyen.* — Une force agissant au centre de gravité de la section et suivant l'axe moyen de ces parallélipipèdes élémentaires produit une translation de la base parallèle à l'axe ; nous supposerons approximativement que le coefficient d'élasticité soit le même pour la tension et pour la compression, ce qui a lieu à peu de chose près.

2° *Rotation autour de l'axe moyen.* — Un couple perpendiculaire à l'axe moyen produit un glissement par torsion, par rotation des tranches autour de cet axe moyen.

On peut dire : Réciproquement une translation parallèle à l'axe de la section fait naître des forces moléculaires dont la résultante, passant par le centre de gravité, a la direction de l'axe moyen, et une rotation de la section autour de son centre de gravité développe un système de force équivalant à un couple situé dans un plan perpendiculaire à l'axe moyen.

3° *Translation rectiligne perpendiculaire à l'axe moyen.* — Un glissement transversal donne lieu à une résultante unique et passant par le centre de gravité de la section. Soit CD (*fig.* 13) la tranche qui a glissé de la quantité $CC' = \gamma$ relativement à la tranche AB qui en est éloignée de dx. Le glissement proportionnel ou par mètre de longueur rapporté à l'endroit où la section AB est faite, est $\frac{\gamma}{dx}$; si θ est la force par unité superficielle et au point M'

$$\theta . \omega = G . \frac{\gamma}{dx} . \omega,$$

car θ est une force analogue à la force F mise en jeu dans la torsion, laquelle est proportionnelle au glissement relatif des molécules dans leur rotation.

$$\Theta = \Sigma\theta\omega$$

$$M_G \, \Theta = \Sigma\theta\omega r = G \frac{\gamma}{dx} \Sigma\omega r = 0,$$

r désignant la distance du point d'application M' à un axe passant par le centre de gravité et parallèle aux forces θ; donc Θ, la résultante, passe par le centre de gravité de la surface. On peut dire : Réciproquement une force appliquée au centre de gravité d'une section d'un prisme et dans le plan de cette surface y produit un glissement transversal des molécules.

4° *Rotation autour d'un axe de la section en passant par son centre de gravité.* — Enfin une flexion simple ou une rotation de la base du prisme autour d'un axe passant par son centre de gravité et suitée dans son plan donne lieu à des forces moléculaires réductibles à un couple dont l'axe est dans la section.

Il est peut-être utile de rappeler que le moment d'un couple est le même par rapport à un point quelconque de son plan ou d'un plan parrallèle, et que, si l'on porte une longueur représentant le moment sur la direction de l'axe du plan des forces, dans un sens ou dans l'autre, suivant le signe du moment, on aura l'axe du couple qui en est la représentation complète et qui peut être transporté parallèlement à lui-même en un point quelconque de l'espace. Le sens de l'axe est tel qu'en se plaçant sur le plan du couple du côté où se trouve cet axe on voie le couple tourner dans le sens des aiguilles d'une horloge, je suppose.

Considérons (*fig.* 14) le prisme CDEF compris entre deux sections infiniment voisines. Il a pour hauteur dx, sa base tourne autour de AB en décrivant l'angle dièdre dont la mesure est ψ; Gy, Gz, sont des axes coordonnés rectangulaires auxquels la surface est rapportée. Les divers moments autour de AB, Gy, Gz, seront regardés comme positifs quand leurs axes auront les sens de G vers B, vers y, vers z.

Certaines fibres sont allongées, certaines autres, telles que M, sont comprimées; R $d\omega$, la force par unité de surface en M, égale et opposée à celle qui produit la compression, est

$$R.d\omega = E\frac{\psi.v}{dx}.d\omega = E\frac{\psi}{dx}.v.d\omega.$$

Elle est la réaction de la molécule à gauche de la section CD sur celle à droite. Les forces analogues pour tous les points de la surface sont parallèles à l'axe des x, de plus la somme de leurs projections sur Gx est nulle, attendu que $\int v\omega = 0$; donc elles constituent un couple, dont l'axe dans le plan FE est GC. Soit CG = M, le moment du couple par rapport à Gz est

$$M.\cos\beta = E\frac{\psi}{dx}.\int v.y.d\omega,$$

et par rapport à Gy

$$M.\sin\beta = -E\frac{\psi}{dx}\int v.z.d\omega.$$

Or l'expression analytique de la droite AB étant de la forme

$$y = az,$$

celle de la distance v du point M à AB est

$$\frac{y - az}{\sqrt{1+a^2}},$$

dans laquelle y et z sont les coordonnées du point M ; d'où

$$(a) \quad M.\cos\beta = E\frac{\psi}{dx}\int\frac{y - az}{\sqrt{1+a^2}}.y.d\omega = E\frac{\psi}{dx}.\frac{I_z}{\sqrt{1+a^2}},$$

en prenant pour y l'axe de symétrie de la figure, lorsqu'elle en a un, $\int azy.d\omega$ disparaissant, l'expression de M est beaucoup plus simple.

D'une manière analogue on conclut

$$(b) \qquad M\sin\beta = -E\frac{\psi}{dx}\frac{a^2.I_y}{\sqrt{1+a^2}}$$

et de ces deux équations (a) et (b) on déduira l'intensité du couple et la situation de son plan par la connaissance de M et de β ; déjà en divisant (b) par (a), on trouve

$$(c) \qquad \operatorname{tang}\beta = -a^2\frac{I_y}{I_z}.$$

5° *Mouvement quelconque de la section.* — En résumé le mouvement quelconque d'une section peut être regardé comme résultant de la composition des quatre mouvements simples suivants :

1° Une translation parallèle à l'axe;

2° Une translation perpendiculaire;

3° Une rotation autour du centre de gravité ;

4° Une rotation autour d'un axe passant par le centre de gravité;

Et l'on trouve facilement le système de forces que la déformation totale produit.

Conditions générales d'équilibre d'une portion de pièce. — Une portion de pièce est en équilibre sous l'action des forces moléculaires créées par les déformations que subit la section considérée et des forces extérieures agissant depuis cette section jusqu'à l'extrémité (*fig.* 15). Ces dernières peuvent être réduites à deux, dont l'une P′ est appliquée au centre de gravité même de la section. Il ne sera rien changé aux conditions d'équilibre si l'on transporte la seconde P″ au centre de gravité, en ayant soin d'ajouter au système un couple dont le moment dans le plan GP″ est égal au moment de P″ dans le même plan et par rapport à G ; restent donc le couple GC et la force P résultante de P′ et de P″. P peut être décomposée en une force N suivant l'axe moyen Gx et en une autre T située dans la section; la même opération s'effectue facilement sur le couple en décomposant son axe en μ' et μ.

N′, qu'on appelle tension longitudinale, produit une translation perpendiculaire.

T′ l'effort tranchant donne lieu à un glissement transversal.

μ' vient de la rotation de la section autour de son centre de gravité.

μ, le moment fléchissant, résulte de la rotation autour d'un axe passant par le centre de gravité, et toutes ces forces sont équilibrées par le système équivalent des forces moléculaires résultant des déformations simples, en sorte que

$$N + N' = 0,$$
$$T + \Theta = 0,$$
$$\mu' + M' = 0,$$
$$\mu + M = 0.$$

N', Θ, M', M étant déduites des déformations.

Conditions générales de résistance. — Enfin, si l'on considère les forces moléculaires que reçoit le point M, on voit que leur résultante

$$S = \sqrt{\left(E \frac{\psi}{dx} . v - \frac{N}{\Omega}\right)^2 + \text{Rés.} \left(G\theta r, \quad G \frac{\psi}{dx}\right)^2}.$$

Au point le plus fatigué, où v est maximum, S ne doit pas dépasser une certaine limite par unité de surface, qui sera évidemment plus petite que la résultante de celles que la pratique indique pour les mouvements simples.

§ II. — FLEXION PLANE.

Forces moléculaires en un point de la section. — Le cas le plus fréquent est celui où les forces et la pièce ont un plan de symétrie. L'axe des y sera tracé dans ce plan perpendiculairement à la fibre moyenne prise pour axe des x. Considérons une portion de la pièce, elle est dans les conditions d'équilibre dont nous venons de parler. Les forces extérieures peuvent être ramenées à un couple dont le moment est μ et à deux forces, l'une N suivant l'axe des x, l'autre T suivant l'axe des y.

$$\mu = \Sigma M_z P,$$
$$N = \Sigma P_x,$$
$$T = \Sigma P_y,$$

P étant le symbole d'une des forces extérieures agissant sur la partie du prisme considérée. Si f désigne une force moléculaire, on aura

$$\Sigma M_z P + \Sigma_1 M_z f = 0,$$

donc l'axe du moment des forces intérieures est égal et directement opposé à celui des forces extérieures, et, si ce dernier est positif, on aura

$$\beta = 180°, \qquad \cos\beta = -1, \qquad \operatorname{tang}\beta = 0.$$

L'équation (*c*) donne $a^2 = o$, c'est-à-dire que l'axe de rotation se confond avec l'axe $o\,z$, ou encore que la pièce est fléchie parallèlement à son plan de symétrie; de là vient l'expression de flexion plane donnée à ce cas.

(*a*) devient:

$$-M = .\,E\frac{\psi}{dx}.\,I_z;$$

mais

$$M + \mu = 0,$$

donc

$$\mu = E\frac{\psi}{dx}.\,I_z,$$

et

$$F = E\frac{\psi}{dx}.\,v = \frac{v\mu}{I_z}.$$

En raisonnant de la même manière on trouve :

$$\frac{N'}{\Omega} = -\frac{N}{\Omega}.$$

En négligeant l'effort tranchant, comme cela peut se faire dans les cas les plus ordinaires, l'effort moléculaire total sur chaque fibre est donné par l'expression

$$R = \frac{v\mu}{I} - \frac{N}{\Omega}.$$

Fibre neutre. — Si l'on fait $R=0$, on obtient $v=\frac{NI}{\Omega\mu}$, l'ordonnée de la fibre dite neutre, c'est-à-dire n'éprouvant aucune déformation.

Expression du rayon de courbure. — Lorsque les forces extérieures sont perpendiculaires à l'axe des x, la fibre neutre répond à $v=0$, et une proportionnalité de côtés de triangles semblables conduit à

$$\psi=\frac{dx}{\rho}.$$

Si les forces donnaient lieu à une force N, à un allongement de la fibre moyenne, on aurait en appelant i l'allongement de cette fibre et dx de sa longueur primitive,

$$\psi=\frac{i.dx}{V}=\frac{(1+i)dx}{\rho},$$

de l'une et de l'autre on tire

$$\rho=\frac{V}{i}=\frac{dx}{\psi}=\frac{EI}{\mu}.$$

La flexion serait circulaire dans le cas où μ serait constante, si les forces extérieures se réduisaient à un couple, par exemple.

$$\psi=\frac{\mu EI}{dx}$$

étant positive, la fibre moyenne tournera sa convexité vers l'axe des x, le sens des moments positifs étant, bien entendu, celui des x vers les y. ψ négative indiquera que la concavité est dirigée du côté de l'axe des x.

Équation de la fibre moyenne. — L'expression du rayon de courbure en fonction des coordonnées d'une courbe est

$$\rho=\frac{\{1+[f'(x)]^2\}^{\frac{3}{2}}}{f''(x)}.$$

Mais $f'(x)$ étant très-petit, on peut très-bien négliger $[f'(x)]^2$, et l'on trouve

$$EI.f''(x) = \mu.$$

Deux intégrations successives détermineront la forme de la fibre moyenne, en donnant son ordonnée et sa tangente pour un point quelconque.

CHAPITRE V.

CALCUL DES DIMENSIONS DES PROFILS D'UN SOLIDE SENSIBLEMENT PRISMATIQUE.

§ I. — Moments d'inertie des surfaces planes.

Si dans le plan d'une surface on trace un axe et si l'on cherche la somme des produits de chacun des éléments par le carré de sa distance à l'axe, on a ce qu'on appelle le moment d'inertie de la surface par rapport à l'axe donné. Si ce dernier est perpendiculaire au plan de la section, la somme des produits analogues est le moment d'inertie polaire de la surface.

Le moment d'inertie d'une droite par rapport à l'une de ses deux extrémités est

$$I = \int_0^l x^2 . dx = \frac{1}{3} l^3.$$

Pour une surface quelconque (*fig.* 16) comprise entre la courbe $y = f(x)$ et l'axe des x, le moment d'inertie par rapport à l'axe des x sera

$$I=\int_{x_0}^{x_1}\frac{1}{3}\cdot y^3\,.dx=\int_{x_0}^{x_1}\frac{1}{3}f(x)^3dx.$$

Dans les cas ordinaires cette intégrale sera d'une exécution facile ; s'il en est autrement, on divise l'intervalle de x_0 à x_1 en un nombre pair de parties égales d, auxquelles répondent des ordonnées u_0, u_1, u_2... u_n, et la formule de Thomas Simpson donne

$$I=\frac{\delta}{9}\left[u^3_0+u^3_n+4\left(u_1{}^3+u_3{}^3+\ldots\right)+2\left(u_2{}^3+u_4{}^3+\ldots\right)\right].$$

Il est souvent commode de trouver le moment d'inertie par rapport à un axe passant par le centre de gravité d'une surface quand on connaît le moment d'inertie de cette surface par rapport à un axe parallèle au premier et situé à une distance d ; pour cela on remarque que v la distance d'un élément à l'axe passant par le centre de gravité égale $x-d$, x étant la distance de cet élément au second axe

$$v^2=x^2+d^2-2xd,$$
$$\int x^2.\,d\omega=\int v^2.\,d\omega+d^2\Omega,$$

à cause de

$$\int v\,.\,d\omega=0.$$

Si les deux axes sont perpendiculaires au plan de la surface, la même relation existe entre le moment d'inertie par rapport à un point quelconque et le moment par rapport au centre de gravité.

D'après cela il est facile de trouver les moments d'inertie suivants.

Pour un parallélogramme, dont un côté est parallèle à l'axe (*fig.* 17),

$$I=\int_{-\frac{1}{2}c}^{\frac{1}{2}c}v^2.b.dv=\frac{1}{12}bc^3=\frac{1}{12}a^2\Omega.$$

Pour un parallélogramme évidé (*fig.* 18 et 19)

$$I = \frac{1}{12}(bc^3 - b'c'^3).$$

C'est aussi le moment d'inertie d'une section en forme de double T.

Pour un losange, dont l'axe est une des diagonales (*fig.* 20),

$$I = \int_{-h}^{h} v^2 \left(b - \frac{bv}{h}\right).dv = \frac{1}{6}bh^3 = \frac{1}{6}h^2\Omega.$$

S'il s'agit d'un cercle, on reconnaît que le moment d'inertie est le même quel que soit le diamètre. En considérant deux axes rectangulaires passant par le centre, on a (*fig.* 21)

$$I = \int v^2.d\omega, \qquad I = \int u^2.d\omega,$$

$$I = \frac{1}{2}\int (v^2 + u^2)d\omega = \frac{1}{2}\int r^2.d\omega,$$

égale donc la moitié du moment d'inertie polaire, lequel est

$$I_0 = \int 2\pi r.dr.r^2 = \frac{1}{2}\pi r^4;$$

donc

$$I = \frac{1}{4}\pi r^4 = \frac{1}{4}.r^2.\Omega.$$

Le moment d'inertie d'une ellipse par rapport à un de ses diamètres principaux a se déduit de celui du cercle, car l'ellipse (*fig.* 22) peut être décomposée en élements superficiels ayant même base que ceux du cercle, mais dont les surfaces sont dans le rapport de $\frac{a}{b}$; $\frac{a}{b}$ est donc le rapport des moments d'inertie, en sorte que

$$I = \frac{1}{4}\pi.b^4.\frac{a}{b} = \frac{1}{4}\pi.ab^3 = \frac{1}{4}b^2\Omega.$$

§ II. — Calcul des dimensions d'une section.

Nous avons vu que sur une molécule de la section d'un prisme soumis à des forces extérieures, on a

$$S = \sqrt{\left(\frac{-\mu.\cos\beta.v.\sqrt{1+a^2}}{I_z} - \frac{N}{\Omega}\right)^2 + \text{Rés.}\left(\frac{Pp.1}{r}, \frac{T}{\Omega}\right)^2},$$

et que cette force moléculaire ne peut dépasser une certaine limite. Le maximum de S répond au maximum de v. La pratique apprend que, dans la plupart des cas qu'elle envisage, on peut simplifier la recherche des dimensions de la section en ne tenant pas compte de l'effort tranchant ; mais il est évident qu'il faut s'assurer que cela n'a pas d'inconvénient. Ainsi une pièce (*fig.* 23) qui est soumise à l'action d'une force perpendiculaire à sa fibre moyenne n'a au point d'application ni moment fléchissant, ni couple de torsion, ni tension longitudinale (en négligeant son poids), mais seulement un effort tranchant, et la section en ce point doit être soumise à la condition $\frac{P}{\Omega} \leqq$ une limite, qu'on doit demander à l'expérience, et qui est une fraction de F trouvée à l'article de la torsion.

Il est à remarquer que la résistance au glissement transversal par unité de surface est indépendante de la forme et varie en raison directe de l'aire de la section et qu'il en est de même pour la tension longitudinale; quant aux forces moléculaires engendrées par le moment fléchissant et le moment de torsion, elles dépendent de la disposition de la surface autour de l'axe de rotation.

En supposant le cas des forces perpendiculaires à la fibre moyenne et symétriques par rapport au plan de cette fibre, en supposant en outre que la section est rectangulaire ou en forme de rectangle évidé,

$$R = \frac{v\mu}{I},$$

$$I = \frac{1}{12} bc^3, \qquad v = \frac{1}{2} c, \qquad \frac{I}{v} = \frac{1}{6} c\Omega,$$

ou

$$I = \frac{1}{12} (bc^3 - b'c'^3);$$

d'où l'on conclut qu'en faisant c suffisamment grand, Ω pourra être aussi petite que l'on veut, c'est-à-dire qu'il y aura économie de matière à prendre c grande. Cette conclusion n'est pas absolue, car il n'y a pas de flexion sans effort tranchant, et il faut que

$$\frac{T}{\Omega} \leqq K.F'.$$

Effort de glissement longitudinal. — Mais il y a une considération qui sert à déterminer une limite plus rapprochée de l'épaisseur de la section. Pour un point M (*fig.* 24) de la fibre neutre à la distance x d'un autre point pris pour origine $R = \frac{V\mu}{I}$ varie avec μ et x, car

$$\begin{aligned} \mu &= P(a - x) + P'(a' - x) + \ldots \\ &= \Sigma Pa + \Sigma Px, \end{aligned}$$

si les forces sont perpendiculaires à l'axe, en sorte que

$$\frac{d\mu}{dx} = -\Sigma P = -T \text{ (l'effort tranchant).}$$

Si b est l'épaisseur de la section (*fig.* 25), l'élément ω est $\omega = b.dv$ et

$$R.b.dv = \frac{v\mu}{I}.b.dv.$$

Pour le point M' situé à la distance $x + dx$ de o

$$(R + dR)b.dv = \frac{\mu + d\mu}{I} v.b.dv.$$

La portion de fibre AB est donc soumise à deux forces

$$R.b.dv \qquad \text{et} \qquad -(R + dR).b.dv,$$

dont la résultante

$$-dR.b.dv = -\frac{d\mu}{I}.v.b.dv = \frac{T.v.b.}{I}.dv.dx.$$

AB est donc poussée, tend donc à glisser dans le sens de M vers o; il en est de même de toutes les fibres comprises entre o et C, et la résultante des forces analogue à $-dR.b.dv$ est équilibrée, puisque les fibres sont en repos, par une force semblable au frottement et de sens contraire à celui dans lequel le mouvement paraît devoir se produire. Elle s'exerce dans le plan de la fibre moyenne sur l'espace $b.dx$; par unité de surface elle est donc

$$U = -\frac{T}{I}\int_0^c v.dv,$$

qui ne doit pas dépasser une limite pratique sur laquelle on est très-peu fixé vu le manque complet d'expériences sur ce point.

Cas d'un profil rectangulaire. — Dans l'hypothèse d'une section rectangulaire.

$$oc = \frac{1}{2}c \qquad \text{et} \qquad I = \frac{1}{12}.b.c^3,$$

$$\int_0^{\frac{1}{2}c} v.dv = \frac{1}{8}c^2,$$

$$U = -\frac{3}{2}\frac{T}{\Omega}.$$

On voit déjà que U est moitié en sus plus grande que l'effort tranchant, et si U' est la limite de U

$$\frac{3}{2}\frac{T}{\Omega} \overset{=}{<} U', \qquad \Omega \overset{=}{>} \frac{3}{2}\frac{T}{U'};$$

or $U' = kF'$ pour les corps à texture grenue et U' est plus petite que kF' pour les corps fibreux, tels que le bois, et alors on conclut que règle générale

$$\Omega > \frac{3}{2}\frac{T}{kF'}.$$

Cas d'un profil en double T. — Dans le cas d'un profil en double T (*fig.* 26), on peut simplifier la même recherche en considérant l'épaisseur des branches du T comme très-petites par rapport à la hauteur h. Soient ω l'aire de chacune des plantes-bandes et b l'épaisseur de l'âme. Il s'agit de trouver

$$\int dR.b.dv = -\frac{Tbdx}{I}\int_0^{x} v.dv.$$

Pour l'âme cette somme est

$$-T.dx.\frac{b}{I}.\frac{h^2}{8}.$$

Pour la section ω on a

$$-\frac{T}{I}b.v.dx.dv = -\frac{T}{2I}.h.\omega.dx.$$

La résistance du glissement longitudinal en grandeur et en direction est donc

$$U.b.dx = -\frac{T}{I}\left(\frac{h.\omega}{2} + \frac{bh^2}{8}\right)dx;$$

d'ailleurs on a approximativement

$$I = 2\omega \frac{h^2}{4} + \frac{1}{12} . bh^3,$$

d'où

$$U = -\frac{T}{bh} . \frac{\omega + \frac{1}{4} . b . h}{\omega + \frac{1}{6} bh} = \frac{T}{bh}\left(1 + \frac{bh}{12\omega + 2bh}\right).$$

CHAPITRE VI.

RECHERCHE DES FORCES INTÉRIEURES EN UNE SECTION QUELCONQUE D'UNE PIÈCE SOUMISE A DES FORCES PERPENDICULAIRES A SA FIBRE MOYENNE ET SITUÉES DANS UN PLAN DE SYMÉTRIE.

§ I. — Considérations générales sur un prisme soumis à des forces perpendiculaires à sa fibre moyenne, les unes distinctes, les autres uniformément réparties entre les forces distinctes.

Soit (*fig.* 27) $M_0 \ldots, M_n$ la fibre moyenne d'une pièce prismatique; si l'on appelle ε la valeur que prend EI pour les intervalles M_0M_1, M_1M_2, etc., on a les n quantités

$$\varepsilon_1, \varepsilon_2, \varepsilon_3, \ldots, \varepsilon_n.$$

$l_1, l_2, l_3, \ldots, l_n$, désignent les intervalles M_0M_1, M_1M_2, etc., et, sont au nombre de n.

$P_1, P_2, P_3, \ldots, P_{n-1}$ sont les $(n-1)$ forces appliquées en $M_1, M_2, M_3, \ldots, M_{n-1}$ et dans le plan de la fibre moyenne.

$p_1l_1, p_2l_2, p_3l_3, \ldots, p_n\ l_n$, expriment les poids uniformément répartis sur les longueurs l_1, l_2, l_3, de la fibre moyenne et dans son plan.

Avant M_0 et après M_n on a des forces qui agissent jusqu'aux extrémités de la pièce.

Toute portion, telle que MM', par exemple, est en équilibre sous l'action des forces moléculaires exercées par le reste du solide situé de part et d'autre des sections M et M' et aussi sous l'action des forces intérieures situées dans l'intervalle M M'.

On se rappelle que les forces moléculaires créées par les déplacements simples d'une section équivalent à un couple et à une force appliquée au centre de gravité ; cette dernière, dans le cas de forces extérieures perpendiculaires à la fibre moyenne, est égale à l'effort tranchant. Si l'on suppose (*fig.* 28) que les forces P soient positives, le moment des forces intérieures est négatif pour celle que reçoit la partie à droite du plan de la section ; l'effort tranchant de même est négatif. En vertu du principe de l'action égale et opposée à la réaction, la partie à gauche du plan reçoit des forces intérieures dont le moment est positif. On a donc $-\mu$ et $-$ T à droite et à gauche $+\mu+$ T.

L'action de la partie à gauche de la section pratiquée au M_0 sur la partie à droite produit $-\mu_0$ et $-T_0$

L'action de la partie à droite de la section faite en M sur la partie à gauche produit μ_n et T_n.

A gauche de la section (*fig.* 29) en un point quelconque M les actions moléculaires se réduisent à un couple μ et à un effort tranchant T.

Efforts tranchants. — D'après cela il est facile de rechercher les efforts tranchants en divers points de la pièce. Voyons d'abord ce qui se passe près des points M_1, M_2, ..., M_n. Si l'on fait une section très-voisine et à gauche de M_1 (*fig.* 30), la partie de droite de cette section reçoit un effort tranchant — T'_1 ; si l'on fait une section très-voisine et à droite de M_1, la partie à gauche reçoit un effort tranchant $+ T_1$ différent de T'_1. En un point tel que M, si l'on avait opéré de même, on aurait eu des efforts tranchants égaux et de signes contraires, car on peut supprimer, dans les conditions d'équilibre des forces appliquées à cet élément du prisme, les forces qui sont uniformément réparties sur cette longueur infinitésimale de la fibre moyenne. Mais en un point où, entre deux sections consécutives infiniment voisines, se trouve compris le point d'application d'une force, il faut que

$$-T'_1+T_1+P_1=0.$$

En considérant successivement les portions de la pièce comprises entre des sections très-voisines, mais prises à droite des points M_1, M_2, M_3, ..., on a

$$T_1-T_0+P_1+p_1l_1=0$$
$$T_2-T_1+P_2+p_2l_2=0$$
$$\cdots\cdots\cdots\cdots$$
$$T_n-T_{n-1}+p_nl_n=0,$$

et pour un point quelconque pris dans l'un des intervalles l_1, l_2, etc.,

$$T+px-T_0=0,$$

Moments fléchissants. — Si l'on désigne par μ_1, μ_2, μ_{n-1}, ..., les moments fléchissants aux sections faites à droite des points M_1, M_2, M_3, ..., M_{n-1}, on a les équations

$$\mu_1-\mu_0+T_0l_1-\frac{1}{2}p_1l_1^2=0,$$

$$\mu_2-\mu_1+T_1l_2-\frac{1}{2}p_2l_2^2=0,$$

$$\cdots\cdots\cdots\cdots$$

$$\mu_n-\mu_{n-1}+T_{n-1}l_n-\frac{1}{2}p_nl_n^2=0,$$

et pour un point quelconque

$$\mu-\mu_0+T_0x-\frac{1}{2}p_1x^2=0.$$

Inclinaison de la fibre moyenne sur l'axe des x. — Dans le cas de flexion plane $\mu = \mathrm{E}f''(x)$, on a donc

$$\varepsilon_1 f''(x) = \mu_0 + \frac{1}{2} p_1 x^2 - \mathrm{T}_0 x,$$

d'où

$$\varepsilon_1 f'(x) = \mu_0 x + \frac{1}{6} p_1 x^3 - \frac{1}{2} \mathrm{T}_0 x^2,$$

or pour $x = 0$, on doit avoir $f'(x) = \alpha_0$, l'angle qui fait la tangente en M_0 avec l'axe des x, donc

$$\varepsilon[f'(x) - \alpha_0] = \mu_0 x + \frac{1}{6} p_1 x^3 - \frac{1}{2} \mathrm{T}_0 x^2.$$

Dans cette équation si l'on fait $x = l_1$, $f'(l_1)$ prend la valeur α_1 et l'on a

$$\varepsilon_1(\alpha_1 - \alpha_0) = \mu_0 l_1 + \frac{1}{6} p_1 l_1^3 - \frac{1}{2} \mathrm{T}_0 l_1^2;$$

et de même

$$\varepsilon_2(\alpha_2 - \alpha_1) = \mu_1 l_2 + \frac{1}{6} p_2 l_2^3 - \frac{1}{2} \mathrm{T}_1 l_2^2$$

. . . .

$$\varepsilon_n(\alpha_n - \alpha_{n-1}) = \mu_{n-1} l_n + \frac{1}{6} p_n l_n^3 - \frac{1}{2} \mathrm{T}_{n-1} . l_n^2.$$

Ordonnées de la fibre moyenne. — L'équation générale qui donne l'inclinaison de la fibre moyenne est

$$\varepsilon_1 f'(x) = \varepsilon_1 \alpha_0 + \mu_0 x + \frac{1}{6} p_1 x^3 - \frac{1}{2} \mathrm{T}_0 x^2.$$

En multipliant les deux membres par dx et en intégrant, il vient, si y_0 est l'ordonnée du point M_0,

$$\varepsilon_1(y - y_0) = \Sigma_1 \alpha_0 x + \frac{1}{2} \mu_0 x^2 + \frac{1}{24} p_1 x^4 - \frac{1}{2} \mathrm{T}_0 x^3;$$

Les ordonnées des points M_1, M_2, M_3, M_n, sont données par les relations

$$\varepsilon_1(y_1-y_0)=\varepsilon_1\alpha_0 l_1+\frac{1}{2}\mu_0 l_1^2+\frac{1}{24}p_1 l_1^4-\frac{1}{6}T_0 l_1^3$$

$$\varepsilon_2(y_2-y_1)=\varepsilon_2\alpha_1 l_2+\frac{1}{2}\mu_1 l_2^2+\frac{1}{24}p_2 l_2^4-\frac{1}{6}T_1 l_2^3$$

. . . .

$$\varepsilon_n(y_n-y_{n-1})=\varepsilon_n\cdot\alpha_{n-1}\cdot l_n+\frac{1}{2}\mu_{n-1}\cdot l_n^2+\frac{1}{24}\cdot p_n\cdot l_n^4-\frac{1}{6}T_{n-1}\cdot l_n^3.$$

En résumé, entre les quantités suivantes

n longueurs, l_1 ..... l_n;
n produits $\varepsilon_1, \varepsilon_2, \ldots, \varepsilon_n$;
$n-1$ forces distinctes P_1, P_2 ..... P_{n-1};
n forces réparties uniformément $p_1, p_2, \ldots, p_n$.

On connaît n équations entre { $n+1$ efforts tranchants, dont deux aux points M_0 et M_n et les autres au delà des points $M_1, M_2, \ldots, M_{n-1}$; Savoir : $T_0, T_1, T_2, \ldots\ldots T_n$;
n équations { $n+1$ moments $\mu_0, \mu_1, \mu_2, \ldots, \mu_n$;
n équations { $n+1$ inclinaisons $\alpha_0, \alpha_1 \ldots, \alpha_n$
n équations { $n+1$ ordonnées $y_0, y_1 \ldots, y_n$.

On a donc $4n$ équateur et $8n+3$ inconnues ; donc $4n+3$ de ces quantités étant données, on en conclura les autres.

En un point quelconque l'effort tranchant, le moment fléchissant, l'inclinaison et les ordonnées sont déterminés par quatre équations, dans lesquelles entre x la distance du point considéré à l'origine d'un des intervalles.

Sans passer par toutes les circonstances où peut se trouver la pièce et dans lesquelles on conclura toujours bien les quantités inconnues en en connaissant $4n+3$, nous allons donner quelques cas remarquables et y appliquer la recherche des efforts tranchants et des moments fléchissants.

§ II. — Prisme posé sur appuis et chargé de forces uniformément réparties dans les intervalles des appuis.

On pourrait, en appliquant les considérations générales du commencement du § 1, établir directement les équations relatives à ce cas. Mais pour plus de rapidité dans le langage, nous remarquerons (*fig.* 31) que les forces P distinctes sont ici les réactions des appuis, lesquelles nous supposerons négatives, de telle sorte qu'il suffit de changer P en — Q dans les équations déjà obtenues.

Moments fléchissants. — Entre les deux équations

$$\mu - \mu_0 + T_0 x_1 - \frac{1}{2} p_2 x^2 = 0,$$

$$\mu_1 - \mu_0 + T_0 l_1 - \frac{1}{2} p_2 l_1^2 = 0,$$

qui existent pour un quelconque des intervalles des appuis, il est facile d'éliminer T_0 et l'on a

$$\mu = \frac{p_1 x^2}{2} - \left(\frac{p_1 l_1^2}{2} + \mu_0 - \mu_1\right)\frac{x}{l_1} + \mu_0 = \varepsilon_1 f''(x).$$

Deux intégrations successives donnent :

$$\varepsilon_1[f'(x) - \alpha] = \frac{p_1 x^3}{6} - \left(\frac{p_1 l_1^2}{2} + \mu_0 - \mu_1\right)\frac{x^2}{2l_1} + \mu_0 x$$

$$\varepsilon_1(y - \alpha_0 x) = \frac{p_1 x^4}{24} - \left(\frac{p_1 l_1^2}{2} + \mu_0 - \mu_1\right)\frac{x^3}{6l_1} + \frac{1}{2}\mu_0 x^2.$$

En faisant $x = l_1$ et $y = y_1$, ces équations deviennent :

$$24\varepsilon(\alpha_1 - \alpha_0) = -2p_1 l_1^3 + 12 l_1 \mu_0 + 12 l_1 \mu_1$$

$$24\varepsilon_1\left(\frac{y_1}{l_1} - \alpha_0\right) = -p_1 l_1^3 + 8 l_1 \mu_0 + 4 l_1 \mu_1.$$

L'élimination de α_0 entre ces expressions conduit à

$$(a) \qquad 24\varepsilon_1\alpha_1 = -p_1l_1^3 + 4l_1\mu_0 + 8l_1\mu_1 + 24\varepsilon_1\frac{y_1}{l_1}.$$

Si pour le second intervalle nous avions cherché les équations analogues à celles-ci, nous aurions trouvé

$$24\varepsilon_2\left(\frac{y_2}{l_2} - \alpha_1\right) = -p_2l_2^3 + 8l_2\mu_0 + 4l_2\mu_2,$$

$$(b) \qquad 24\varepsilon_2\alpha_1 = p_2l_2^3 - 8l_2\mu_1 - 4l_2\mu_2 + 24\varepsilon_2\frac{y_2}{l^2},$$

et en éliminant α_1 entre les équations (a) et (b), il vient :

$$(c) \qquad 4\frac{l_1}{\varepsilon_1}\mu_0 + 8\left(\frac{l_1}{\varepsilon_1} + \frac{l_2}{\varepsilon_2}\right)\mu_1 + 4\frac{l_2}{\varepsilon_2}\mu_2 = \frac{p_1l_1^3}{\varepsilon_1} + \frac{p_2l_2^3}{\varepsilon_2} - 24\left(\frac{y_1}{l_1} - \frac{y_2}{l_2}\right),$$

qui établit une relation entre les moments fléchissants sur trois appuis consécutifs et les différences de niveau sur ces points.

Efforts tranchants. — La connaissance des moments fléchissants conduit à celle des efforts tranchants, car on a pour chacun des intervalles

$$\mu_1 - \mu_0 + T_0l_1 - \frac{1}{2}p_1l_1^2 = 0.$$

Seulement il importe de remarquer que

$$T_0 = Q_0,$$
$$T_n = -Q_n.$$

Inclinaisons. — Les inclinaisons sont déterminées par des équations de la forme

$$24\varepsilon_1\left(\frac{y_1}{l_1} - \alpha_0\right) = -p_1l_1^3 + 8l_1\mu_0 + 4l_1\mu_1.$$

Réaction des points d'appui. — On conclut les réactions aux points d'appui des formes suivantes :

$$T_0 = Q_0, \qquad T_n = -Q_n,$$
$$T_0 - T_1 - p_1 l_1 + Q_1 = 0,$$
$$T_1 - T_2 - p_2 l_2 + Q_2 = 0,$$
$$\cdots\cdots\cdots\cdots$$
$$T_{n-1} - p_n l_n + Q_n = 0.$$

Formule de Clapeyron. — Si l'on suppose que la pièce ait la même section transversale dans toute son étendue et que les appuis soient de niveau, la formule (c) devient

$$4l_1\mu_0 + 8(l_1 + l_2)\mu_1 + 4l_2\mu_2 = p_1 l_1^3 + p_2 l_2^3.$$

§ III. — Pièce encastrée à ses deux extrémités soumise à une force distincte et à une force uniformément répartie.

On dit qu'une pièce est encastrée quand elle est assujettie en un point à conserver la même ordonnée et la même inclinaison. Soit M_0, M_1, M_2 (*fig.* 32), la pièce soumise aux forces P et pl et faisant les angles α_0 et α_2 aux points M_0 et M_2. On supposera pour simplifier que la pièce soit uniforme dans toute sa longueur. Une portion comprise entre une section très-voisine à droite de M_0 et une section très-voisine, mais à gauche, de M_2 est en équilibre sous l'action des forces moléculaires, donnant lieu à $-\mu_1$, $+\mu_2$, $-T_0$, $+T_2$, et des forces extérieures pl et P.

En prenant les moments par rapport à M_0, on a

$$(a) \qquad -\mu_0 + \mu_2 + T_2 l + Pl_1 + \frac{1}{2}pl^2 = 0;$$

en prenant les projections sur oy,

$$(b) \qquad T_2 - T_0 + P + pl = 0.$$

Pour un point M pris entre M_0 et M_1, les moments des forces par rapport à ce point agissant depuis M_0 jusqu'à M satisfont à l'équateur.

$$\mu - \mu_0 - \frac{1}{2} p x^2 + T_0 x = 0.$$

Si le point M est dans l'intervalle $M_1 M_2$

$$(1) \qquad \mu - \mu_0 - \frac{1}{2} p x^2 + T_0 x - P(x - l_1) = 0.$$

De M_0 à M_1 les inclinaisons et les ordonnées sont obtenues par les expressions

$$(2) \qquad \varepsilon[f'(x) - \alpha_0] = \mu_0 x + \frac{1}{6} p x^3 - \frac{1}{2} T_0 x^2,$$

$$(3) \qquad \varepsilon(y - y_0) = \varepsilon\alpha_0 x + \frac{1}{2} \mu_0 x^2 + \frac{1}{24} p x^4 - \frac{1}{6} T_0 x.$$

Les inclinaisons et les ordonnées des points compris entre M_1 et M_2 sont obtenues en intégrant l'équation (1), dont on multiplie les deux membres par dx, en se rappelant, pour déterminer la constante, que les équations (2) et (3) et les intégrales de (1) doivent être identiques pour $x = l_1$, en sorte que

$$\varepsilon[f'(x) - \alpha_0] = \mu_0 x + \frac{1}{6} p x^3 - \frac{1}{2} T_0 x^2 + P\left(\frac{x^2}{2} - l_1 x\right) + P.\frac{l_1^2}{2},$$

$$\Sigma(y - y_0) = \frac{1}{2} \mu_0 x^2 + \frac{1}{24} p x^4 - \frac{1}{6} T_0 x^3 + P\left(\frac{x^3}{6} - l_1 \frac{x^2}{2}\right) + \frac{P l_1^2 x}{2} - \frac{P l_1^3}{6}.$$

Pour $x = l$ ces dernières deviennent :

$$(c) \quad \varepsilon(\alpha_2 - \alpha_0) = \mu_0 l + \frac{1}{6} p l^3 - \frac{1}{2} T_0 l^2 + P\left(\frac{x^2}{2} - l_1 l\right) + P.\frac{l_1^3}{2}.$$

$$(d)\quad \Sigma(y_2 - y_0) = \frac{1}{2}\mu_0 l^2 + \frac{1}{24} p l^4 - \frac{1}{6} T_0 l^3 + P\left(\frac{l^3}{6} - \frac{l_1 l^2}{2}\right) + \frac{P.l_1^2.l}{2} - \frac{P l_1^3}{6}.$$

Les équations (a), (b), (c), (d), contiennent les quatre inconnues μ_0, μ_2, T_0, T_2 ; on les résoudra par rapport à ces quantités, et pour tout autre point de la fibre moyenne on conclura les autres inconnues.

Voyons les altérations produites par diverses hypothèses faites dans les conditions de l'énoncé.

$y_0 = y_2 = 0,$	$-\mu_0 + \mu_2 + T_2 l + P l_1 = 0,$ $T_2 - T_0 + P = 0.$
$\alpha_0 = \alpha_2 = 0,$	$0 = \mu_0 l - \frac{1}{2} T_0 l^2 + P\left(\frac{l^2}{2} - l_1 l + \frac{l_1^2}{2}\right),$
$p = 0,$	$0 = \frac{1}{2}\mu_0 l^2 - \frac{1}{6} T_0 l^3 + P\left(\frac{l^3}{6} - \frac{l_1 l^2}{2} + \frac{l_1^2 l}{2} - \frac{l_1^3}{6}\right),$

$y_0 = y_2 = 0,$	$-\mu_0 + \mu_2 + T_2 . l + P\frac{l}{2} = 0,$
$\alpha_0 = \alpha_2 = 0,$ $p = 0,$	$T_2 - T_0 + P = 0,$
$l_1 = \frac{l}{2}.$	$\mu_0 l - \frac{1}{2} T_0 l^2 + P.\frac{l^2}{8} = 0,$
(*fig.* 33).	$\frac{1}{2}\mu_0 l^2 - \frac{1}{6} T_0 l^3 + P\frac{l^3}{48} = 0;$

d'où

$$\mu_0 = \mu_2 = \frac{Pl}{8},$$

$$T_0 = T_2 = \frac{1}{2} P,$$

et l'ordonnée au milieu de la pièce

$$\varepsilon y_1 = \frac{1}{6} P\left(\frac{l}{2}\right)^3;$$

$y_0 = y_2 = 0,$	$-\mu_0 + \mu_2 + T_2 l + \frac{1}{2} p l^2 = 0,$
$\alpha_0 = \alpha_2 = 0,$	$T_2 - T_0 + p l = 0,$
$P = 0.$	$\mu_0 l - \frac{1}{2} T_0 l^2 + \frac{1}{6} p l^3 = 0,$
(*fig.* 34).	$\frac{1}{2} \mu_0 l^2 + \frac{1}{24} p l^4 - \frac{1}{6} T_0 l^3 = 0;$

d'où

$$\mu_0 = \mu_2 = \frac{1}{12} p l^2,$$

$$\mu_1 = -\frac{1}{24} p l^2,$$

$$T_0 = T_2 = \frac{1}{2} p l.$$

La flèche au milieu est

$$\varepsilon y_1 = \frac{1}{24} p \cdot \left(\frac{l}{2}\right)^4.$$

Pièce simplement encastrée à l'une de ses extrémités. — Soit une pièce encastrée à une extremité et soumise à deux forces distinctes, dont l'une s'exerce à l'extrémité libre, et à une force uniformément répartie; on exprimera ces conditions dans les équations générales en posant

$\mu_2 = 0,$	$-\mu_0 + P_2 l + \frac{1}{2} p l^2 + P l_1 = 0,$
$y_0 = 0,$	$P_2 - T_0 + P + p l = 0.$
$T_2 = P_2.$	
(*fig.* 35).	

Ces deux équations suffisent pour faire connaître μ_0 et T_0

$\mu_2 = 0$	$\mu_0 = P l_1 + P_2 l,$
$\alpha_0 = 0,$	$T_0 = P_2 + P,$
$y_0 = 0,$	
$T_2 = P_2,$	$\varepsilon y_2 = \frac{1}{3} P_2 l^3 + P\left(\frac{l_1^2 l}{2} - \frac{l_1^3}{6}\right).$
$p = 0,$	

$\mu_2 = 0,$	$\mu_0 = l\left(\frac{P_1}{2} + P_2\right),$
$\alpha_0 = 0,$	$T_0 = P_2 + P,$
$y_0 = 0,$	
$T_2 = P_2,$	$\varepsilon y_2 = \frac{1}{3} P_2 l^3 + \frac{5}{48} P . l^3.$
$p = 0,$	
$l_1 = \frac{l}{2}.$	

$\mu_2 = 0,$	$\mu_0 = \frac{1}{2} pl^2 + P_2 . l,$
$\alpha_0 = 0,$	$T_0 = P_2 + pl,$
$y_0 = 0,$	
$T_2 = P_2,$	$\varepsilon y_2 = \frac{1}{8} p . l^4 + \frac{1}{3} P_2 l^3.$
$P_1 = 0.$	

Pièce encastrée à l'une de ses extrémités et posant par l'autre sur un appui. — Si l'on suppose que la pièce (*fig.* 36) est placée à son extrémité M_2 sur un appui, il suffit de faire $P_2 = -Q$ dans les équations ci-dessus. Je ne m'arrête pas sur une telle simplicité.

Pièce posée sur deux appuis. — Enfin on peut imaginer que la pièce (*fig.* 37) est placée sur deux appuis, et traduire ceci dans les équations en y faisant :

$$\mu_0 = \mu_2 = 0,$$
$$-T_0 = -Q_0,$$
$$T_2 = -Q_2.$$

$y_0 = y_2 = o$ peut s'ajouter, car c'est ce qui se présente le plus souvent ; alors

$$-Q_2 l + P l_1 + \frac{1}{2} pl^2 = 0,$$
$$-Q_2 - Q_0 + P + pl = 0,$$

d'où

$$Q_0 = \frac{1}{2} pl + P \frac{l - l_1}{2},$$

$$Q_2 = \frac{1}{2} pl + P \frac{l_1}{l}.$$

Pour un point pris entre M_0 et M_1,

$$\mu = \frac{1}{2} px^2 - Q_0 x.$$

Pour tout point pris dans l'autre intervalle

$$\mu = \frac{1}{2} px^2 - Q_0 x + P(x - l_1).$$

Si $P = 0$,

$$Q_0 = Q_2 = \frac{1}{2} pl,$$

$$\mu = \frac{1}{2} px^2 - Q_0 x,$$

dont le maximum, répondant à $x = \frac{l}{2}$, est $\mu = -\frac{1}{8} pl^2$.

Recherche du moment fléchissant maximum. — En égalant à zéro la dirivée de l'expression de μ en x dans l'intervalle de M_0 à M_1 et de M_1 à M_2, on a les deux valeurs de x qui donnent le maximum de μ, valeur avec laquelle on doit calculer la section de la pièce dans l'intervalle considéré. Le maximum de μ, pour l'expression donnant les moments fléchissants entre M_0 et M_1 doit répondre à une valeur de $x \begin{smallmatrix} > 0 \\ < l_1 \end{smallmatrix}$; le maximum de l'expression des moments fléchissants du second intervalle $M_1 M_2$ doit répondre à une abscisse $\begin{smallmatrix} > l_1 \\ < l \end{smallmatrix}$.

S'il n'en est pas ainsi, le maximum répondra à la plus

grande ordonnée des courbes représentant les moments fléchissants aux points M_0, M_1 ou M_2.

Si d'ailleurs on se sert d'une représentation graphique (*fig.* 38) des moments fléchissants, l'ordonnée maximum des arcs de parabole exprimera le maximum cherché.

CHAPITRE VII.

CALCUL DES PONTS MÉTALLIQUES.

§ 1. — Pont de trois travées en forme de poutre droite dont la section est un double T.

Établissement des formules. — Un pont est formé, je suppose, de deux poutres de rives posées sur quatre appuis, dont les distances extrêmes sont l_1 et celle du milieu l_2. Il est chargé, d'une part, de la force p permanente et par mètre de longueur, et, d'autre part, de la charge p_e par mètre qui sert à faire l'épreuve du pont. Si l'on appelle p_1, p_2, p_3, les charges soit permanentes, soit accidentelles, réparties uniformément sur la première, la seconde et la troisième travée, on voit qu'elles peuvent prendre l'une des valeurs

1	$p_1=p_2=p_3=p$	
2	$p_1=p+p_e$	$p_2=p_3=p$
3	$p_1=p_3=p$	$p_2=p+p_e$
4	$p_1=p_2=p$	$p_3=p+p_e$
5	$p_1=p_2=p+p_e$	$p_3=p$
6	$p_1=p_3=p+p_e$	$p_2=p$
7	$p_1=p_2=p_3=p+p_e$	

En observant que μ_0 et μ_3 sont nuls, on trouve

$$8(l_1+l_2)\mu_1+4l_2\mu_2=p_1l_1^3+p_2l_2^3$$
$$4l_1\mu_1+8(l_2+l_1)\mu_2=p_2l_2^3+p_3l_1^3.$$

Ces équations combinées par addition et soustraction donnent

$$(8l_1+12l_2)(\mu_1+\mu_2)=(p_1+p_3)l_1^3+2p_2l_2^3$$
$$(8l_1+\ 4l_2)(\mu_1-\mu_2)=(p_1-p_3)l_1^3.$$

Les efforts tranchants sont donnés par les formules

$$\mu_1+T_0l_1-\frac{1}{2}p_1l_1^2=0,$$

$$\mu_2-\mu_1+T_1l_2-\frac{1}{2}p_2l_2^2=0.$$

Les moments fléchissants en divers points des deux premières travées sont donnés par les formules

$$\mu-\frac{1}{2}p_1x^2+T_0x=0,$$

$$\mu-\mu_1+\frac{1}{2}p_2x^2-T_1x=0.$$

Il est d'ailleurs inutile de chercher les valeurs de μ pour les points de la troisième travée, car elles sont connues quand on connaît les valeurs de μ pour la première. Il est en effet évident que ces valeurs pour le quatrième cas, par exemple, sont les mêmes que celles du deuxième cas relatives à la première travée.

On calculera d'abord μ_1 et μ_2, puis T_0, T_1 et T_2 pour les diverses valeurs que peuvent prendre simultanément p_1, p_2, p_3, en fonction de la charge permanente et de la charge d'épreuve. On s'appliquera ensuite à chercher pour les mêmes hypothèses quel est le μ maximum dans le cours de chaque travée. La plus grande de toutes ces quantités servira à calculer la section de la pièce.

Calcul des rivets. — Les rivets ne sont pas partout sollicités avec la même intensité ; on peut parfaitement calculer leur nombre et leur épaisseur pour une tranche donnée en considérant que les rivets s'opposent au glissement longitudinal et de plus résistent à l'effort moléculaire qui existe en un point de la tranche.

Remarque sur l'emploi des tôles. — Dans les ponts en treillis il faut éviter d'employer les tôles plates qui ne résistent pas à la compression, qui se voilent et qui font que tout le travail moléculaire s'effectue dans la partie soumise à la traction. Dans la flexion (*fig.* 39) le point a vient en a^1 parce qu'il est sollicité par ac; ac et ab sont donc tendus. Il se passe l'effet inverse pour un point tel que d; ed, df sont comprimées et si ces parties sont en tôles plates, elles ne servent de rien pour la rigidité de la poutre. Les rivets de la partie supérieure, supportant seuls les effets de la flexion, sont cisaillés, ce qui cause la ruine du pont.

Pour parer à de tels inconvénients, on emploiera des tôles à nervure ou ondulées ou de la forme (*fig.* 40, 41).

Exemple. $l_1 = 50, \quad l_2 = 60.$

$p = 2000, \quad p_0 = 4000$

$$8 l_1 = 400$$
$$12 . l_2 = 7200$$
$$4 . l_2 = 240$$

$$8l_1 + 12l_2 = 7600$$
$$8l + 4l_2 = 640$$

$$l_1^3 = 125,000$$
$$2l_2^3 = 432,000$$

Moments fléchissants aux appuis.

HYPOTHÈSES.	p_1+p_3.	p_1-p_3.	p_2.	$(p_1+p_3)l_1^3$.	$2p_2l_2^3$.	$(p_1+p_3)l_1^3+2p_2l_2^3$.	$\mu_1+\mu_2$.	$(p_1-p_3)l_1^3$.	$\mu_1-\mu_2$.	$\frac{1}{2}(\mu_1+\mu_2)$.	$\frac{1}{2}(\mu_1-\mu_2)$.	μ_1.	μ_2.
1	4000	0	2000	500.10^6	864.10^6	1364.10^6	179.10^3	0	0	89.10^3	0	89.10^3	89.10^3
2	8000	4000	2000	1000.10^6	864.10^6	1364.10^6	245.10^3	500.10^6	781.10^3	122.10^3	390.10^3	512.10^3	-268.10^3
3	4000	0	6000	500.10^6	2592.10^6	3092.10^6	406.10^3	0	0	203.10^3	0	203.10^3	203.10^3
4	8000	—4000	2000	1000.10^6	864.10^6	1864.10^6	245.10^3	-500.10^6	-781.10^3	122.10^3	-390.10^3	-268.10^3	512.10^3
5	8000	4000	6000	1000.10^6	2592.10^6	3592.10^6	472.10^3	500.10^6	781.10^3	236.10^3	390.10^3	626.10^3	-154.10^3
6	12000	0	2000	1500.10^6	864.10^6	2364.10^6	301.10^3	0	0	150.10^3	0	150.10^3	150.10^3
7	12000	0	6000	1500.10^6	2592.10^6	4092.10^6	538.10^3	0	0	269.10^3	0	269.10^3	269.10^3

Efforts tranchants aux appuis.

	$\frac{1}{2}p_1l_1$.	$\frac{\mu_1}{l_1}$.	T_0.	$\frac{1}{2}p_2l_2$.	$\frac{\mu_1-\mu_2}{l_2}$.	T_1.	p_1l_1.	F_1.	p_2l_2.	F_2.
1	50.000	1780	48.200	60.000	0	60000	100000	— 51.800	120.10^3	— 60.000
2	150.000	10240	139.800	60.000	13000	73000	300000	—160.200	120.10^3	— 47.000
3	50.000	4075	45.900	180.000	0	180000	100000	— 54.100	360.10^3	—180.000
4	50.000	—5360	55.400	60.000	—13000	47000	100000	— 44,600	120.10^3	— 73.000
5	150.000	1252	137.500	180.000	13000	193000	300000	—162.500	360.10^3	—167.000
6	150.000	3000	147.000	60.000	0	60000	300000	—153.000	120.10^3	— 60.000
7	150.000	5380	144.600	180.000	0	180000	300000	—155.400	360.10^3	—180.000
Valeurs maximum.			147,000	»	»	193000	»	162,500	»	180,000

T_0 et T_1, efforts tranchants près et au delà des deux premiers appuis.
F_1, F_2, efforts tranchants aux extrémités de la première et de la deuxième travée, pour les points $x=l_1$ et $x=l_2$.

Calcul des moments fléchissants de 5 en

PREMIÈRE

x.	1re HYPOTHÈSE.	Δ_1.	2°.	Δ_1.	3°.	Δ_1	4°.
0	0	—216.10^3	0	—624.10^3	0	—2045.10^2	0
5	—216.10^3	—166	— 624.10^3	—474	—204500	—1545	—252.10^3
10	—382	—116	—1098	—324	—359000	—1045	—454
15	—498	— 66	—1422	—174	—463500	— 545	—606
20	—564	— 16	—1596	— 24	—518000	— 45	—708
25	—580	34	—1620	126	—522500	455	—760
30	—546	84	—1494	276	—477000	955	—762
35	—462	154	—1218	426	—381500	1455	—714
40	—328	184	— 792	576	—236000	1955	—616
45	—144	234	— 216	726	— 40500	2455	—468
50	89		+ 512		203000		—268
	580000	»	1620000	»	522500	»	762000

SECONDE

x.	1°.	Δ_1.	2°.	Δ_1.	3°.	Δ_1.	4°.
0	89.10^3	—275.10^3	71.2$10^3$	—340.10^3	203.10^3	—825.10^3	—26.8$10^3$
5	—186	—225	172	—290	— 622	—675	—478
10	—411	—175	—118	—240	—1297	—525	—638
15	—586	—125	—358	—190	—1822	—375	—748
20	—711	— 75	—548	—140	—2197	—225	—808
25	—786	— 25	—688	— 90	—2272	— 75	—818
30	—811	25	—778	— 40	—2347	75	—778
35	—786	75	—818	10	—2272	225	—688
40	—711	125	—808	60	—2197	375	—548
45	—586	175	—748	110	—1822	525	—358
50	—411	225	—658	160	—1297	675	—118
55	—186	275	—478	210	— 622	825	172
60	89		—268		203		512
	811000	»	818000	»	1972000	»	818000

5 m. sur la première et la deuxième travée.

TRAVÉE.

Δ_1.	5°.	Δ_1.	6°.	Δ_1.	7°.	Δ_1.
252.10^3	0	-6125.10^2	0	-660.10^3	0	-648.10^2
202	$-$ 6125.10^2	−4625	$-$ 660.10^3	-510.10^3	$-$ 648.10^2	−498
152	−10750	−3125	−1170	−360	−11460	−548
102	−15875	−1625	−1530	−210	− 1494	−198
52	−15500	− 125	−1740	− 60	− 1692	− 48
2	−15625	1375	−1800	90	− 1740	102
48	−14250	2875	−1710	240	− 1658	252
98	−11375	4375	−1470	390	− 1386	402
148	− 7000	5875	−1080	540	− 984	552
198	− 1125	7375	− 548	690	− 432	702
	6260		150		2690	
»	1562500	»	1800000	»	1740000	»

TRAVÉE.

Δ_1.	5°.	Δ_1.	6°.	Δ_1.	7°.	Δ_1.
210.10^3	626.10^3	-890.10^3	150.10^3	-275.10^3	269.10^3	-825.10^3
160	− 264	−740	−125	−225	− 556	−675
110	−1004	−590	−350	−175	−1231	−525
60	−1594	−440	−525	−125	−1756	−375
10	−2034	−290	−650	− 75	−2131	−225
40	−2324	−140	−725	− 25	−2356	− 75
90	−2464	10	−750	25	−2431	75
140	−2454	160	−725	75	−2356	225
190	−2294	310	−650	125	−2131	375
240	−1984	460	−525	175	−1756	525
290	−1524	610	−350	225	−1231	675
340	− 914	760	−125	275	− 556	825
	− 154		150		269	
»	2464000	»	750000	»	2451000	»

Par approximation on doit avoir U, limite de la résistance au glissement longitudinal, égale $\frac{T}{bh}$. (*fig.* 26) Ch. V, § II.

$$R = \frac{v\mu}{I}$$

donne

$$R\left(\frac{1}{12}\,bh^3 + b'z.\frac{h^2}{2}\right) = \left(\frac{1}{2}\,h + z\right)\mu,$$

soit

$$h = 2m.5 \quad \text{et} \quad u = 6.10^6$$

$$b = \frac{193.000}{2{,}5 \times 6.10^6} = 0{,}012,$$

$$h^3 = 15{,}625, \qquad h^2 = 6{,}25$$

$$bh^3 = 0{,}1825 \quad \text{soit} \quad z = 0{,}05$$

$$\frac{1}{12}\,bh^3 = 0{,}0152 \qquad z\,\frac{h^2}{2} = 0{,}1562.$$

Le moment fléchissant maximum est 2464000. La limite de R est, je suppose, 8.10^6, avec l'action de la surcharge, et on a

$$\frac{1}{2}\,h + z = 1{,}30$$

$$\frac{1}{R}\left(\frac{1}{2}h + z\right)\mu = 0{,}4004,$$

d'où

$$0{,}0152 + 0{,}1562 \quad b = 0{,}4004$$

$$b = 0{,}25$$

$$I = 0{,}1562 + 0{,}039 = 0{,}1952.$$

L'effort moléculaire permanent est

$$R = \frac{580000 \times 1{,}30}{0{,}1952} = 3^k{,}77.$$

§ 11. — Poutre en forme d'égale résistance.

La condition d'égale résistance, que l'on s'impose dans beaucoup de cas pour faire une économie de matière, consiste en ce que l'effort moléculaire, provenant de la flexion, est le même au point le plus menacé de chacune des sections. Soit la poutre représentée (*fig.* 42).

Il est permis de supposer que la fibre moyenne est sensiblement rectiligne.

$$Q_0 = Q_1 = \frac{pa}{2},$$

$$\mu - p\frac{x^2}{2} + Q_0 x = 0.$$

Exemple. Soit à calculer une poutrelle en fonte de 3 mètres de portée, devant supporter un poids de 1750 kil. uniformément réparti sur la longueur, en supposant que la limite R soit 2.10^6 pour la fonte. $p = \frac{1750}{3} = 583,33$.

x.	$p\frac{x^2}{2}$.	$Q_0 x$.	μ.	$\frac{\mu}{R} = \frac{I}{V}$.	$\frac{6\mu}{R}$.
0	0	0	0	0	0
0,50	72,91	437,50	—364,60	0,0001823	0,0010938
1,00	291,60	875,00	—583,34	0,0002916	0,0017496
1,50	656,25	1312,50	—656,25	0,0003281	0,0019686

Approximativement (*fig.* 26)

$$I = \frac{1}{12} bh^3 + zb'\frac{h^2}{2},$$

$$\frac{I}{v} = \frac{1}{6} bh^2 + zb'h,$$

$$\frac{6\mu}{R} = bh^2 + 6.z.b'h.$$

$$b' = 0,07$$
$$b = 0,01$$
$$z = 0,02$$
$$6b'z = 0,0084.$$

D'où l'on déduit

pour $x = 0 \qquad h = 0$
$x = 0,50 \qquad h = 0,15$
$x = 1,00 \qquad h = 0,18.$
$x = 1,50, \qquad h = 0,19.$

Pour $x = 0$, h est déterminé par la relation

$$\frac{Q_0}{b'h} = 4,10b.$$

$$\frac{1750}{2.b'h} = 4,10b,$$

d'où

$$h = 0,031.$$

§ III. — Poutre en arc.

Considérons un arc en métal dont la forme varie par degrés peu sensibles; la pièce ayant un plan de symétrie qui est aussi le plan de flexion, et de plus le rayon de courbure de la fibre moyenne étant suffisamment grand relativement aux dimensions transversales, elle est dans les conditions définies au chapitre de la flexion.

Pour un point d'une section faite en M (*fig.* 43)

$$R = \frac{v\mu}{I} - \frac{N}{\Omega},$$

μ désignant le moment des forces extérieures par rapport au centre de gravité de la section considérée,

I le moment d'inertie de la section,

v l'ordonnée d'un point pris dans la section,

N la projection des forces extérieures sur la tangente de la fibre moyenne au point M,

Ω L'aire de la section en ce même point.

L'allongement proportionnel de la fibre moyenne est représenté par i et est donné par cette formule

$$Ei = \frac{N}{\Omega}.$$

L'angle de flexion se trouve au moyen de la relation

$$\mu = \frac{E\psi}{ds} . I,$$

$$d\psi = \frac{ds . \mu}{EI}.$$

Enfin, si l'on désire connaître la fibre neutre, c'est-à-dire la fibre qui, par la combinaison des deux mouvements simples considérés de la section, n'a pas subi de déformation, on la détermine en posant

$$R = \frac{v\mu}{I} - \frac{N}{\Omega} = 0.$$

Equation de laquelle on tire la valeur de v l'ordonnée de la fibre cherchée.

En considérant une portion de la pièce courbe, on voit que la fibre moyenne subit des changements de position dépendant :

1° Du déplacement de l'origine, Δx_0, Δy_0;

2° De la flexion de la section à l'origine, ψ_0;

3° De l'allongement de chaque élément de la fibre moyenne, ids;

4° Des diverses flexions dans les sections consécutives.

1° S'il n'y avait que la translation dépendant du changement des coordonnées de l'origine, les coordonnées d'un point quelconque, par suite de la translation commune, seraient augmentées de Δx_0 et Δy_0.

2° Si la section à l'origine tournait seule de l'angle ψ_0 (la rotation positive s'effectue de x vers y), x_0, x_1, y_0, y_1, étant les coordonnées extrêmes, on aurait (*fig.* 44)

$$\frac{B_1C}{y_1 - y_0} = \frac{B'_1C}{x_1 - x_0} = \frac{B'_1B_1}{B_1A} = \psi_0$$

B_1C l'accroissement de l'abscisse serait

$$= (y_1 - y_0)\psi_0;$$

B'_1C, l'accroissement de l'ordonnée serait

$$(x_1 - x_0)\psi_0.$$

3° S'il n'y avait que l'allongement de chaque élément de la fibre moyenne, la longueur d'un élément ds serait augmentée de ids, et il en résulterait des accroissements de dx égaux à $i.ds.\cos\alpha$ et de dy à $i.ds.\sin\alpha$. Les coordonnées d'un point quelconque seraient augmentées de

$$\int i.ds.\cos\alpha,$$
$$\int i.ds.\sin\alpha,$$

effectuées depuis l'origine jusqu'à ce point, ou bien de

$$\int \frac{N}{E\Omega}.ds.\cos\alpha,$$
$$\int \frac{N}{E.\Omega}.ds.\sin\alpha.$$

4° Enfin s'il n'y avait que les flexions subies par chacune des sections de la pièce, les changements des coordonnées d'un point seraient

$$-\int (y - y_0)\frac{\mu.ds}{\varepsilon},$$
$$\int (x - x_0)\frac{\mu.ds}{\varepsilon}.$$

5° Si toutes ces causes sont réunies, les variations dans les coordonnées d'un point sont

$$\Delta x_1 = \Delta x_0 - (y_1 - y_0)\psi_0 + \int \frac{N}{E\Omega} . \cos\alpha . ds - \int (y - y_0) \frac{\mu . ds}{\varepsilon}.$$

$$\Delta y_1 = \Delta y_0 + (x_1 - x_0)\psi_0 + \int \frac{N}{E\Omega} . \sin\alpha . ds + \int (x - x_0) \frac{\mu . ds}{\varepsilon}.$$

Les variations dans la forme de la fibre moyenne étant très-faibles, on peut les trouver par approximation en rapportant les forces extérieures à sa forme non altérée; on se sert ensuite d'une première détermination pour en faire une seconde plus exacte, et ainsi de suite jusqu'à ce que deux résultats consécutifs ne diffèrent plus d'une manière appréciable. Cette méthode, la plus facile à mettre en pratique, est cependant très-laborieuse ; on peut se contenter d'ailleurs d'un premier essai.

Pièce courbe encastrée à ses extrémités. — Soit une pièce encastrée; la condition d'encastrement ou de faire en un point donné un angle constant répond à l'action de forces convenablement réparties donnant lieu à un couple μ et à une force appliquée au centre de gravité de la section encastrée. En A_0 (*fig.* 44), on a donc $-\mu_0$, $-Q_0$, S_0, en A_1, μ_1, $-L_1$, $-S_1$. Entre ces forces on a les équations

$$S_0 - S_1 - \Sigma P x = 0,$$

$$Q_0 + Q_1 - \Sigma P y = 0,$$

$$\mu_1 - \mu_0 + \Sigma M_{A_0} P + S_1(y_1 - y_0) - Q_1(x_1 - x_0) - 0.$$

La statistique ne fournit donc que trois équations entre ces six inconnues; on en obtient deux autres en égalant à zéro Δx_1, Δy_1 et en remarquant que $\Delta x_0 = \Delta y_0 = 0$; la sixième résulte de ce que le déplacement angulaire des extrémités est nul, de sorte que $\psi_0 = 0$ et $\int \frac{\mu_1 ds}{EI} = 0$.

Pièce courbe posée sur deux appuis invariables et symétriques par rapport à un plan. —

Si une pièce courbe (*fig.* 45) est symétrique, les calculs s'appliqueront d'une manière facile ; supposons qu'elle soit simplement posée sur des appuis de niveau et invariables, il suffira de ne considérer que la moitié, et si l'on compte les ordonnées à partir de la clef, on remarquera que $\Delta x_0 = 0$ et $\psi_0 = 0$

La statistique donne à cause de l'équilibre de l'ensemble

$$Q_0 + Q_1 = \Sigma P y = pa,$$

$$S_1 - S_0 = 0$$

$$Q_1 x - \frac{1}{2} pa^2 = 0,$$

$$Q_0 = Q_1 = \frac{1}{2} pa.$$

En écrivant que $\Delta x_1 = 0$, il vient

$$(a) \qquad \int \frac{N}{E\Omega} \cos\alpha . ds - \int (y - y_0) \frac{\mu ds}{\varepsilon} = 0.$$

On obtient les variations des ordonnées par la relation

$$\Delta y_1 = \int \frac{N}{E\Omega} . \sin\alpha . ds + \int (x - x_0) . \frac{\mu . ds}{\varepsilon} .$$

Exemple. Voici un exemple de la manière d'appliquer ces formules.

Trouver le poids p uniformément réparti sur la projection d'un arc de cercle sous-tendu par une corde de 80 mèt., l'angle compris entre les rayons extrêmes est 32°, l'épaisseur de cette poutre en tôle de fer est 0,40 à la clef et 1.40 aux naissances. Cette dimension va en décroissant proportionnellement à l'arc. La section transversale a la forme d'un double T, dont les tables sont formées de trois feuilles de tôle de 0,01 ; l'âme se compose d'une seule feuille de la même épaisseur et est reliée aux tables par des fers cornières de 0,10. Cette poutre, analogue à celle du pont d'Arcole, peut encore être consolidée par des entretoises réunissant les tables entre elles (*fig.* 46 et 47).

$$I = \frac{1}{12}\left\{bc^3 - b'c'^3 - b''c''^3 - b'''c'''^3\right\}$$

$$\Omega = bc - b'c' - b''c'' - b'''c'''.$$

Calcul des moments d'inertie.

	c.	c^3.	$\frac{1}{12}bc^3$.	c'.	c'^3.	$\frac{1}{12}b'c'^3$.	c''.	c''^3.	$\frac{1}{12}bc''^3$.	c'''.	c'''^3.	$\frac{1}{12}bc'''^3$.	I.	log. I.		log. ε.
0	0,40	0,0640	0,0032	0,34	0,0393	0,00127	0,32	0,03276	0,00049	0,14	0,002744	0,0000045	0,00144	$\bar{3}$,24551		7,54654
1	0,525	0 147	0,007235	0,465	0,10054	0,00326	0,445	0,0884	0,001326	0,265	0,018609	0,00000203	0,00261	$\bar{3}$,41664	E=2,10	7,70767
2	0,65	0,2746	0,013730	0,590	0,20537	0,00783	0,570	0,1852	0,002775	0,390	0,05931	0,0000972	0,00403	$\bar{3}$,60530		7,90633
3	0,775	0,4656	0,023275	0,715	0,36552	0,01187	0,695	0,3357	0,005034	0,515	0,13659	0,0002276	0,60614	78817	log. E = 10,30103	8,08920
4	0,90	0,7290	0,036450	0,840	0,5927	0,01926	0 820	0,55136	0,008268	0,64	0,26214	0,0004369	0,00848	92839		8,22942
5	1,025	1,0612	0,05306	0,965	0,89863	0,02668	0,945	0,84390	0,012657	0,765	0,44769	0,0007461	0,01298	11327		8,41430
6	1,15	1,5208	0,07604	1,090	1,29502	0,04208	1,070	1,2250	0,018375	0,89	0,70496	0,0015082	0,01408	14860		8,44963
7	1,275	2,0484	0,102415	1,215	1,77156	0,05757	1,195	1,6851	0,025275	1,015	1,0303	0,001717	0,01785	25164		8,55267
8	1,40	2,7440	0,13724	1,340	2,406104	0,07814	1,320	2,2999	0,034497	1,14	1,48154	0,002469	0,02213	34498		8,64601

	Ω.	l . Ω.	l . EΩ.		Ω.	l . Ω.	l . EΩ.		Ω.	l . Ω.	l . EΩ.
0	0,047	$\bar{2}$,67210	8,97313	3	0,0507	$\bar{2}$,70501	9,00604	6	0,0545	$\bar{2}$,73640	9,03743
1	0,0482	68305	8,98408	4	0,0520	71600	9,01703	7	0,0557	74586	9,04689
2	0,0495	69461	8,99564	5	0,0532	72591	9,02694	8	0,0570	75587	9,05690

L'équation (a) se transforme en

$$\left.\begin{array}{l} p\int\left[\frac{(x_1-x)\sin\alpha\cos\alpha}{E.\Omega}-\frac{(y_1-y)(x_1-x)^2}{2\varepsilon}\right]ds \\ -S\int\left[\frac{\cos^2\alpha}{E\Omega}+\frac{(y_1-y)^2}{\varepsilon}\right]ds \\ -L\int\left[\frac{\sin\alpha.\cos\alpha}{E\Omega}-\frac{(y_1-y)(x_1-y)}{\varepsilon}\right]ds \end{array}\right| = 0.$$

Calcul des

	α	$l.\sin\alpha.10^{10}$.	$l.\cos\alpha.10^{10}$.	$l.\sin^2\alpha.10^{20}$.	$l.\cos^2\alpha.10^{20}$.	$l.\sin\alpha.\cos\alpha.10^{20}$.	
0	0	$-\infty$	10,00000	$-\infty$	20,00000	$-\infty$	
1	2°	8,54282	9,99973	17,08563	19,99948	18,54254	
2	4°	8,84358	9,99894	17,68716	19,99788	18,84252	
3	6	9,01923	9,99761	18,03846	19,99522	19,01684	R=145,12
4	8	9,14355	9,99575	18,28711	19,99150	19,13930	l.R=2,16172
5	10	9,23967	9,99335	18,47934	19,98670	19,23302	
6	12	9,31788	9,99040	18,63575	19,98080	19,30727	
7	14	9,38367	9,98690	18,76735	19,97380	19,37057	
8	16	9,44034	9,98284	18,88067	19,96568	19,42317	

Calcul de $p\int\left[\frac{(x_1-x)\sin\alpha.\cos\alpha}{E\Omega}\right.$

	y_1-y.	$l(y_1-y)$.	$l(y_1-y)^2$.	$l(x_1-x)\sin\alpha.\cos\alpha$.	$l\frac{(x_1-x)\sin\alpha.\cos\alpha}{E.\Omega}$.
0	5,652	0,75220	1,50440	$-\infty$	$-\infty$
1	5,507	0,74092	1,48184	0,08574	$\bar{9}$,10166
2	5,217	0,71742	1,43484	0,31790	32226
3	4,781	0,67952	1,35904	0,41182	41578
4	4,201	0,62335	1,24670	0,43618	41915
5	3,475	0,54194	1,08190	0,40528	37634
6	2,459	0,39076	0,78152	0,29982	26239
7	1,298	0,11327	0,22654	0,05631	00942
8	0	$-\infty$	$-\infty$	$-\infty$	$-\infty$

sinus et cosinus.

$l.(x=R.\sin\alpha)$.	$R.\sin\alpha$.	x_1-x.	$l.(x_1-x)$.	$l.(x_1-x)^2$.	$1-\cos\alpha$.	$l(1-\cos\alpha)$.	$l(y=R(1-\cos\alpha)$.	y.
$-\infty$	0	40,00	1,60206	3,20412	0	$-\infty$	$-\infty$	0
0,70454	5,07	34,93	1,54320	3,08640	0,001	$\bar{3},00000$	$\bar{1},16172$	0,1451
1,00530	10,12	29,88	1,47538	2,95176	0,003	$\bar{3},47712$	$\bar{1},63884$	0,435
1,18095	15,17	24,83	1,39498	2,78996	0,006	$\bar{3},77815$	$\bar{1},93987$	0,871
1,30527	20,19	19,81	1,29688	2,59376	0,010	$\bar{2},00000$	0,16172	1,451
1,40139	25,20	14,80	1,17026	2,34052	0,015	$\bar{2},17609$	0,33782	2,177
1,47960	30,17	9,83	0,99255	1,99510	0,022	$\bar{2},34242$	0,50414	3,193
1,54539	35,15	4,85	0,68574	1,37148	0,030	$\bar{2},47712$	0,63884	4,354
1,60206	40,00	0	$-\infty$	$-\infty$	0,039	$\bar{2},59106$	0,75278	5,652

$$- \frac{(y_1-y)\ (x_1-x)^2}{\varepsilon}\Big]ds.$$

$\frac{(x_1-x)\sin\alpha.\cos\alpha}{E\Omega}$.	$l(y_1-y)(x_1-x)^2$.	$\frac{l(y_1-y)\ (x_1-x)^2}{2\varepsilon}$.		$ds = 5,07$; $l.ds = 0,7050079$.
0	3,95632	$\bar{4},10875$	— 1285000	L'intégrale effectuée au moyen de la formule de Th. Simpson, donne
$\frac{1}{10^2}$ 1264	3,82732	$\bar{5},80862$	— 643600	
2100	3,66918	$\bar{5},46182$	— 289600	$-0,00087368\,p$.
2605	3,56948	$\bar{5},17925$	— 151100	
2625	3,21711	$\bar{6},68666$	— 48600	
2379	2,88147	$\bar{6},16614$	— 14660	
1830	2,38586	$\bar{7},43520$	— 4317	
1022	1,48479	$\bar{8},63105$	— 427,6	
0	$-\infty$	$-\infty$	0	

Calcul de $-S\int\left(\frac{\cos^2\alpha}{E\Omega}+\frac{(y_1-y)^2}{\varepsilon}\right)ds.$

	log. $\frac{\cos^2\alpha}{E\Omega}$.	$\frac{\cos^2\alpha}{E\Omega}$.	$l\,\frac{(y_1-y)^2}{\varepsilon}$.	$\frac{(y_1-y)^2}{\varepsilon}$.		
0	$\bar{9}$,02687	$\frac{1}{10^{13}}$. 18570	$\bar{7}$,95786	$\frac{1}{10^{11}}$. 90750	$\frac{1}{10^{11}}$. 90940	
1	$\bar{9}$,01540	10360	$\bar{7}$,77417	59450	59550	
2	$\bar{9}$,00224	10050	$\bar{7}$,52851	33770	33870	
3	$\overline{10}$,98918	9754	$\bar{7}$,26984	18610	18710	— 0,000008756 . S
4	$\overline{10}$,97447	9429	$\bar{7}$,02728	10650	10740	
5	$\overline{10}$,95976	9115	$\bar{8}$,66760	4652	4660	
6	$\overline{10}$,94537	8778	$\bar{8}$,53189	2147	2150	
7	$\overline{10}$,92691	8451	$\bar{9}$,67387	472	480	
8	$\overline{10}$,90878	8105	— ∞	0	80	

Calcul de $-Q\int\left(\frac{\sin\alpha\,.\cos\alpha}{E\Omega}-\frac{(y_1-y)(x_1-x)}{\varepsilon}\right)ds.$

	$l.\frac{\sin\alpha\,.\cos\alpha}{E\Omega}$.	$\frac{\sin\alpha.\cos\alpha}{E\Omega}$.	$l\,.(x_1-x)$ (y_1-y).	$l.\frac{(x_1-x)(y_1-y)}{\varepsilon}$.	$\frac{(x_1-x)(y_1-y)}{\varepsilon}$.	
0	— ∞	0	2,55426	$\bar{6}$,80772	$\frac{1}{10^{10}}$ 64230	
1	$\overline{11}$,55844	$\frac{1}{10^{14}}$ 3618	2,28412	$\bar{6}$,57645	37710	
2	$\overline{11}$,84688	7029	2,19280	$\bar{6}$,28547	19290	
3	$\overline{10}$,01080	10250	2,07450	$\bar{7}$,98530	9667	+0,0000528 Q
4	$\overline{10}$,12227	13250	1,92023	$\bar{7}$,69081	4907	
5	$\overline{10}$,20608	16070	1,71121	$\bar{7}$,29691	1981	
6	$\overline{10}$,26985	18620	1,58351	$\bar{8}$,93568	858	
7	$\overline{10}$,32368	21070	0,79901	$\bar{8}$,24634	176	
8	$\overline{10}$,36627	23240	— ∞	— ∞	0	

$$\left.\begin{array}{r} Q\,5280 \\ -87368\,p \\ -875{,}6\,S \end{array}\right\} = 0.$$

$$Q = x_1 p = 40\,.\,p.$$

$$875{,}6\,S - 123832\,p = 0,$$

d'où

$$= 141\,p.$$

Calcul de $\mu = \frac{1}{2} p(x_1 - x)^2 + (y_1 - y)S - L(x_1 - x)$.

	$l.\frac{1}{2}(x_1 - x)^2$.	$\frac{1}{2}(x_1 - x)^2$.	$l.(y_1 - y)$.				$l.(x_1 - x)$.				μ.	log. μ.
0	2,90309	800, 0	0,75220		2,90142	796,9	1,60206		3,20412	1600	$-3p$	0,47712
1	2,78537	610, 1	0,74092		2,89013	776,5	1,54520		3,14526	1397	$-10p$	1,00000
2	2,65073	447, 5	0,71742	$S = 141\,p$	2,86664	735,6	1,47538	$Q = px_1$.	3,07744	1195	$-12p$	1,07918
3	2,48893	308, 3	0,67952		2,82874	674,1	1,39498		2,99704	993	$-11p$	1,04139
4	2,29273	196, 2	0,62335	log. 141 =	2,77257	592,4	1,29688	log. 40 =	2,89894	792	$-3p$	0,47712
5	2,03949	109, 5	0,54195	=2,14922	2,69117	491,1	1,17026	=1,60206	2,77232	592	$+9p$	0,95524
6	1,69407	49,44	0,39076		2,55998	346,7	0,99255		2,59461	393	$+5p$	0,47712
7	1,07045	11,76	0,11327		2,26249	183,0	0,68574		2,28780	194	$+p$	0
8	$-\infty$	0	$-\infty$		$-\infty$	0	$-\infty$		$-\infty$	0	0	$-\infty$

Calcul de $N = (a - x)\sin\alpha - S.\cos\alpha - L.\sin\alpha$.

	$l.(a - x)\sin\alpha$.		$l.141.\cos\alpha$.	$141.\cos\alpha$.	log. 40 . sin α.		N.	l.N.
0	$-\infty$	0	2,14922	141	$-\infty$	0	$-141p$	2,14921
1	0,08602	1	2,14895	141	0,14488	1	$-141p$	14921
2	0,31896	2	2,14816	140	0,44564	3	$-141p$	14921
3	0,41421	2	2,14685	140	0,62129	4	$-142p$	15228
4	0,44043	3	2,14497	140	0,74561	5	$-142p$	15228
5	0,40993	2	2,14257	139	0,84173	7	$-143p$	15533
6	0,31043	2	2,13962	138	0,91904	8	$-144p$	15836
7	0,06941	1	2,13612	137	0,98573	9	$-145p$	16136
8	$-\infty$	0	2,13206	136	1,04240	11	$-147p$	16731

Calcul de $R = \frac{\pm v\mu}{I} - \frac{N}{\Omega}$.

	$v = \pm \frac{c}{2}$.	$\log. v = \frac{c}{2}$.	$l. v\mu$.	$l. \frac{\mu . v}{I}$.	$\frac{v\mu}{I}$.	$l. \frac{N}{\Omega}$.	$\frac{N}{\Omega}$.	$\frac{v\mu}{I} - \frac{N}{\Omega}$.
0	+0,20	$\bar{1}$,30103	$\bar{1}$,7781$\bar{5}$	2,52294	− 333,4	3,47711	−3000	−3333
	−0,20				+ 333,4		−3000	−2667
1	+0,262	$\bar{1}$,41830	0,41830	3,00166	−1004	3,46616	−2925	−3929
	−0,262				+1004		−2925	−1921
2	+0,325	$\bar{1}$,51188	0,59106	2,98576	− 967,8	3,45460	−2849	−3817
	−0,325				+ 967,8		−2849	−1881
3	+0,387	$\bar{1}$,58771	0,62910	2,84094	− 693,3	3,44727	−2801	−3494
	−0,387				+ 693,3		−2801	−1888
4	+0,450	$\bar{1}$,65321	0,13023	2,40184	− 252,2	3,43628	−2731	−2983
	−0,450				+ 252,2		−2731	−2481
5	+0,515	$\bar{1}$,71181	0,66608	2,55281	− 357,2	3,42942	−2688	−2331
	−0,515				+ 357,2		−2688	−3045
6	+0,575	$\bar{1}$,75966	0,23678	2,09818	− 125,4	3,42196	−2642	−2517
	−0,575				+ 125,4		−2642	−2767
7	+0,637	$\bar{1}$,80414	$\bar{1}$,80414	1,55250	− 35,69	3,41550	−2603	−2567
	−0,637				+ 35,69		−2603	−2639
8	+0,700	$\bar{1}$,84510	$-\infty$		0	3,41144	−2579	−2579
	−0,700				0		−2577	−2579

R est négative pour chaque point de la pièce, et en prenant 6 kil. pour limite par millimètre, le poids p sera déterminé par l'équation

$$6{,}10^6 = 3929p,$$

d'où

$$p = 1527.$$

L'inspection du tableau $R = \frac{V\mu}{I} - \frac{N}{\Omega}$ permet de voir qu'on pourrait obtenir une valeur de p bien supérieure si l'on renforçait la table inférieure d'une feuille de tôle depuis le point zéro jusqu'au point 4 et la table supérieure au point 6.

$$S = 215{,}300 \text{ k.}$$

$$L = 61{,}090 \text{ k}$$

Calcul de ψ.

		log. $\mu.ds$.	$l.\left[d\psi = \frac{\mu.ds}{\varepsilon}\right]$.	ψ.	
0		4,36600	$\bar{4}$,81946	$-\frac{1}{10^7}$ 6599	
1	log. ds =	4,88888	$\bar{5}$,18121	$-\frac{1}{10^6}$ 1518	ψ total =
2	0,70501	4,96806	$\bar{5}$,06275	$-\frac{1}{10^6}$ 1155	0,002852 =
3		4,93027	$\bar{4}$,84107	$-\frac{1}{10^7}$ 6935	0°,16.
4		4,36600	$\bar{4}$,13658	$-\frac{1}{10^7}$ 1369	
5		4,84312	$\bar{4}$,42882	$-\frac{1}{10^7}$ 2684	
6		4,36600	$\bar{5}$,91637	$-\frac{1}{10^8}$ 8248	
7		3,88888	$\bar{5}$,33621	$-\frac{1}{10^8}$ 2169	
8		$-\infty$	$-\infty$	0	

Calcul de $\Delta y_1 = \int \frac{N}{E\Omega} \cdot ds \cdot \sin\alpha + \int (x_1 - x_0) \frac{\mu \cdot ds}{\varepsilon}$.

$(x_1 - x) \frac{\mu \cdot ds}{\varepsilon}$.	$(x_1 - x) \frac{\mu \cdot ds}{\varepsilon}$.	$l \cdot N$.	$l \cdot Nds$.	$l \cdot N \cdot ds \sin\alpha$.	$l \cdot \frac{N \cdot ds \cdot \sin\alpha}{E\infty}$.	$\frac{N \cdot ds \cdot \sin\alpha}{E\Omega}$.		
$\bar{2},42152$	$-\frac{1}{10^5} 2659$	5,53308	6,03809	$-\infty$	$-\infty$	0	$-0,00026$	
$\bar{2},72441$	$-\frac{1}{10^5} 5502$	5,53308	6,03809	4,58091	$\bar{5},59683$	$\frac{1}{10^8}$ 1,68	$-0,00079$	Δy
$\bar{2},43811$	$-\frac{1}{10^5} 2742$	5,53308	6,03809	4,88167	$\bar{5},88603$	$\frac{1}{10^8}$ 7,692	$-0,00107$	
$\bar{2},23605$	$-\frac{1}{10^5} 1722$	5,53615	6,04116	5,06039	$\bar{4},05435$	$\frac{1}{10^7}$ 11,53	$-0,00124$	
$\bar{3},43346$	$-\frac{1}{10^6} 2713$	5,53615	6,04116	5,18471	$\bar{4},16768$	$\frac{1}{10^7}$ 14,71	$-0,01127$	0,0124
$\bar{3},59908$	$-\frac{1}{10^6} 3973$	5,53920	6,04421	5,28388	$\bar{4},25694$	$\frac{1}{10^7}$ 18,06	$-0,00123$	
$\bar{4},90892$	$-\frac{1}{10^7} 8108$	5,54225	6,04724	5,36512	$\bar{4},32779$	$\frac{1}{10^7}$ 21,27	$-0,00124$	
$\bar{4},02195$	$-\frac{1}{10^7} 1051$	5,54523	6,05024	5,43391	$\bar{4},38702$	$\frac{1}{10^7}$ 24,38	$+0,00124$	
$-\infty$	0	5,55118	6,05619	5,49653	$\bar{4},43965$	$\frac{1}{10^7}$ 27,52	$-0,00124$	

§ IV. — Ponts suspendus.

Ponts suspendus d'une seule travée. — Lorsqu'un polygone funiculaire est soumis à des forces parallèles à une direction, la projection de la tension en un point quelconque sur un axe perpendiculaire aux forces est constante. La courbe qu'affecte la chaîne des ponts suspendus est déterminée par la condition qu'elle est uniformément chargée par mètre courant du tablier. En prenant pour origine le point le plus bas de la courbe et pour axes la tangente et la normale en ce point, on a les équations suivantes qui expriment les conditions d'équilibre d'une portion de la chaîne telle que AM (*fig.* 48).

$$Q = p.x$$

$$S = S_0$$

$$Q.x - S.y - \frac{1}{2} p.y^2 = 0,$$

d'où

$$-S_0 y + \frac{1}{2} p.x^2 = 0.$$

1° *Tension horizontale.* — La tension horizontale S_0 est une fonction de la portée l du pont et de la flèche h, car pour le point B

$$-S_0 h + \frac{1}{2} pl^2 = 0,$$

d'où

$$S_0 = \frac{1}{2} p . \frac{l^2}{h}.$$

2° *Équation de la courbe.* — L'équation de la chaîne est donc

$$y = \frac{h}{l^2} . x^2.$$

3° *Tension en un point quelconque.* — En un point M la tension M est la résultante de Q et de S.

$$u = \sqrt{Q^2 + S^2},$$

ou

$$u = \sqrt{p^2x^2 + \frac{1}{4} pl^2 \frac{l^4}{h^2}},$$

le maximum est au point B.

$$\sqrt{p^2l^2 + \frac{1}{4} p^2 \frac{l^4}{h^2}}.$$

4° *Longueur de la chaîne.* — La longueur de la chaîne s'obtient au moyen de l'expression

$$S = \int_0^l dx \sqrt{1 + y'^2},$$

dans laquelle on remarque que y' est très-faible, vu que l est très-grand par rapport à h, et que l'expression $1 + y'^2$ est sensiblement égale à $(1 + 1/2\, y'^2)^2$, dont elle ne diffère que par le terme $1/4\, y'^4$. De là on conclut

$$S = \int_0^l dx \left(1 + \frac{1}{2} y'^2\right),$$

$$y' = \frac{2hx}{l^2},$$

d'où

$$S = x + \frac{2}{3} \frac{h^2x^3}{l^4},$$

la constante est nulle.

De o à B

$$S = l\left(1 + \frac{2}{3} \frac{h^2}{l^2}\right).$$

5° *Allongement de la flèche répondant à un allongement*

de la chaîne. — S'il se produit un faible allongement dans la chaîne, soit par l'effet d'une surcharge, soit par l'effet d'une élevation de température, il en résulte une augmentation très-considérable de la flèche ; c'est ce qu'on s'explique très-facilement en différentiant les deux membres de la dernière équation

$$ds = \frac{4}{3} \cdot \frac{h}{l} \cdot dh.$$

6° *Longueur des tiges verticales.* — Les tiges verticales étant régulièrement espacées de la distance *s*, leurs longueurs sont

$$y_0 = 0 \quad y_1 = A\delta^2 \quad y_2 = 4A\delta^2 \; \ldots\ldots \; y_n = n^2 A\delta$$

$$y_0 + y_1 + y_3 + \ldots\ldots y_n = A\delta^2(1 + 2^2 + 3^2 + \ldots\ldots n^2),$$

$$\Sigma y = A\delta^2 . \frac{n(n+1)(2n+1)}{6} = y_n . \frac{(n+1)(2n+1)}{6n}.$$

Ponts suspendus de plusieurs travées. — Les ponts suspendus de plusieurs travées sont très-souvent formés de chaînes fixées à des supports oscillants placés sur les piles intermédiaires. Afin de limiter les mouvements de la bielle on la relie aux piles voisines au moyen de ce qu'on appelle des haubans.

1° *Equation de la courbe.* — Soient encore (*fig.* 49)

$$AA' = 2l,$$
$$BA' = h$$

et x, y les coordonnées d'un point quelconque M de la courbe que prend le hauban ; soient R la force par unité de surface qui agit sur une section, Rx, Ry les composantes horizontale et verticale de cette tension et π le poids spécifique relatif de la matière. L'équation des moments, par rapport à M, des forces qui agissent depuis A jusqu'à M est

$$R_x . y - R_{1y} . x - \frac{1}{2} \pi x^2 = 0,$$

pour

$$x = 2l, \quad y = h,$$

d'où

$$R_x . h - 2R_{1y} . l - 2\pi l^2 = 0.$$

L'élimination de $R_1 y$ conduit à

$$y = \frac{h}{2.l} . x + \frac{\pi}{2R_x}(x^2 - 2lx).$$

2° *Longueur du hauban.* L'expression

$$S = \int_0^{2l} dx \left(1 + \frac{1}{2} y'^2\right)$$

donne

$$(a) \qquad S = 2l + \frac{h^2}{4l} + \frac{\pi^2 l^2}{3R_x^2}.$$

3° *Allongement de* S *répondant à une augmentation de* l. Si l'on charge l'une des travées, la bielle oscille de son côté, le point B s'avance de $2dl$ et si $l' = l + dl$ et R'_x la nouvelle *tension horizontale du hauban tendu.*

$$(b) \qquad S^1 = 2l^1 + \frac{h^2}{4l'} + \frac{\pi^2 l'^3}{3R'^2_x}.$$

4° *Tension résultant de l'allongement du hauban.* La longueur du hauban sur le chantier étant désignée par S_0 et supposée répondre à $R = 0$, S^1 répondant à R' et S à R, on a

$$(c) \qquad R = E \frac{S - S_0}{S_0};$$

$$(d) \qquad R' = E \frac{S' - S_0}{S_0}.$$

On a donc quatre équations entre S_0, S, S^1, R, R^1, l'. On s'impose en pratique la condition R = 6 kil., R' = 8 kil., au maximum, pour les fers forgés et R = 12, R' = 18, pour les fils de fer. On pourrait se donner deux quelconques de ces quantités et déterminer les autres.

Pour le hauban détendu

$$(e) \qquad S_1{}^1 = E \frac{S^1{}_1 - S_0}{S_0};$$

$$(f) \qquad S_1{}^1 = 2l'_1 + \frac{h^2}{4l'_1} + \frac{\pi^2 . l'^3}{3R'_1{}^2},$$

l'_1 est connue, d'où S'_1 et R'_1.

5° *Section des haubans.* — Dans la translation du point B la tension sur les chaînes n'a pas sensiblement varié, en sorte qu'en appelant (*fig.* 50)

ω et ω_1 les sections des haubans,
u et u_1 les sections des chaînes,
R' et R'_1 les tensions sur les haubans,
T T_1 les tensions sur la chaîne, on a

$$\omega . R' . p - \omega R'_1 . p_1 + T . u . q - T_1 . u_1 . q_1 = 0,$$

équation qui exprime l'équilibre de la bielle au moment où la travée de gauche est chargée. Si les deux travées sont égales, il sera naturel de prendre $\omega = \omega_1$; mais s'il n'en est pas ainsi, on supposera une oscillation de la bielle vers la gauche, d'où l'on trouvera une deuxième équation entre ω et ω_1.

Ponts en arc. — C'est ici le lieu de faire remarquer qu'un pont en arc est sensiblement dans les mêmes conditions qu'un pont suspendu et que même, le rayon de l'arc étant très-grand en général, on peut confondre la courbe moyenne avec un arc de parabole. Il découle de cette considération, qui est justifiée par la série des calculs que nous avons exécutés pour une pièce courbe, que l'on peut calculer un point en arc comme la chaîne d'un pont suspendu.

EXEMPLE. — Calcul d'un pont suspendu de plusieurs travées égales de 60 mètres de portée chacune.

$p=4000$ sur chacune des chaînes de rives

$l=30$

$h=5$

— Tension maximum,

$$u=4000\times 30\sqrt{1+\frac{1}{4}\frac{\overline{30}^2}{5^2}}=379.440.$$

— Longueur de la chaîne,

$$S=2\times 30\left(1+\frac{2}{3}\frac{5^2}{\overline{30}^2}\right)=61,11.$$

— Allongement produit par la température, le coefficient de dilatation linéaire étant pour le fer de 0,0000124 par dégré de température, de — 10 à 30°,

$$\Delta s=0,0000124\times 40\times 30=0,015.$$

— Augmentation de flèche résultant de l'allongement de la chaîne,

$$\Delta h=\frac{3}{4}\frac{30,55}{4}\times 0,015=0,068.$$

— Section de la chaîne en prenant 12 k. pour le maximum de charge par unité de surface

$$\frac{379440}{12}=31620.$$

Si l'on composait la chaîne d'une seule corde en fil de fer, le rayon de celle-ci serait

$$0{,}089.$$

Les deux travées étant égales, nous supposerons que la bielle oscille autant à droite qu'à gauche et de $0^{m},01$ et que $S_0 = \sqrt{4l^2 + h^2}$. Dans le cas où la travée à droite est chargée par mètre de $p = 4000$, on a $u = 379440$, et pour celle qui est à gauche seulement chargée du poids permanent, supposé 2000 par mètre, $u = 189720$.

La valeur de R^1 est tirée des équations

$$S^1 = S_0 \frac{(R^1 + E)}{E} = 2l^1 + \frac{h^2}{4l^1} + \frac{\pi^2 l^3}{3R'^2},$$

dans lesquelles

$$2l' = 60{,}01,$$
$$S_0 = 60{,}20,$$
$$\frac{h^2}{4l'} = \frac{120{,}02}{25} = 0{,}2083.$$

Une première approximation donne

$$R = 7230000,$$

une seconde

$$R = 7985800.$$

La valeur de R'_1 pour le hauban détendu s'obtient par les équations

$$S'_1 = S_0 \frac{(R'_1 + E)}{E} = 2l_1 + \frac{h^2}{4l_1} + \frac{\pi^2 l_1^3}{3R_1^2},$$

dans lesquelles

$$2l_1 = 59{,}99,$$
$$S_0 = 60{,}20,$$
$$\frac{h^2}{4l} = 0{,}2083.$$

Première approximation

$$R = 7230000\,;$$

seconde approximation

$$R = 1018000.$$

Quant à ω, la section du hauban, elle est déterminée par la condition d'équilibre de la bielle

$$(379440 - 189720)3{,}80 + \omega\,3{,}975(1018000 - 7985800) = 0,$$

d'où

$$\omega = 26029^{\text{mmc}}.$$

CHAPITRE VIII.

CONSTRUCTION DES ÉDIFICES.

---

§ I. — Supports.

Support dont les extrémités sont libres. (Utilité des moises.) — Supposons une tige appuyée sur le centre de gravité de la base inférieure et soumise à l'action d'une force N appliquée au centre de gravité de sa base supérieure et dans la direction de la fibre moyenne. Supposons en outre que l'action momentanée d'une force transversale ait fait prendre à la pièce une certaine flexion. Quelles sont les conditions de stabilité ?

Pour un point M (*fig.* 51)

$$\varepsilon f''(x) = \mu = -Ny.$$

$$f''(x) = \frac{d.f'(x)}{dx} \quad \text{et} \quad f'(x) = \frac{dy}{dx},$$

d'où

$$\varepsilon f'(x) \,.\, df'(x) = - \mathrm{N} \,.\, y \,.\, dy.$$

En intégrant et en remarquant que la constante est positive, vient

$$\left(\frac{dy}{dx}\right)^2 = \frac{\mathrm{N}}{\varepsilon}(a^2 - y^2),$$

$$x \,.\, \sqrt{\frac{\mathrm{N}}{\varepsilon}} = \mathrm{arc}\left(\sin = \frac{y}{a}\right).$$

d'où

$$y = a \,.\, \sin x \sqrt{\frac{\mathrm{N}}{\varepsilon}},$$

sans avoir de nouvelle constante à ajouter, puisque y et x sont nulles en même temps. Il faut que y soit encore nulle pour $x = \mathrm{AB} = l$, d'où

$$\sin\left(l \sqrt{\frac{\mathrm{N}}{\varepsilon}}\right) = 0.$$

Il faut donc que

$$l \sqrt{\frac{\mathrm{N}}{\varepsilon}} = n\pi;$$

on peut donc écrire

$$\mathrm{N} = n^2 \pi^2 \frac{\varepsilon}{l^2}$$

et

$$y = a \,.\, \sin\left(\frac{n \,.\, \pi \,.\, x}{l}\right).$$

Cette équation n'est pas déterminée par rapport à y, puisque a est indéterminée ; mais on voit que la pièce se maintient au moins fléchie quand N est égale à $\mathrm{N}^2 \frac{\varepsilon}{l^2}$.

Pour

$$n = 1, \quad 2, \quad 3, \quad \ldots\ldots$$

$$y = 0, \quad 0, \quad 0, \quad \ldots\ldots$$

$$N = \frac{\pi^2 \varepsilon}{l^2}, \quad 4\,\frac{\pi^2 \varepsilon}{l^2}, \quad 9\,\frac{\pi^2 . \varepsilon}{l.^2}, \quad \ldots\ldots$$

c'est-à-dire que la résistance d'une pièce fléchie est proportionnelle au quarré du nombre des courbures. On comprend de quelle utilité sont les moises dans les constructions, puisqu'elles tendent à faire naître, si la pièce fléchit sous la charge, un nombre plus ou moins grand de courbures.

Pour une section rectangulaire

$$I = \frac{1}{12} c^4$$

et

$$N = \frac{1}{12} n^2 \pi^2 E \frac{c^4}{l^2},$$

pour une section circulaire de rayon r

$$I = \frac{1}{4} \pi r^4$$

et

$$N = \frac{1}{4} n^2 \pi^3 E \frac{r^4}{l^2},$$

donc la charge qui tend à faire fléchir une pièce, le nombre de moises étant d'ailleurs le même, est proportionnelle au côté du carré ou au rayon du cercle élevés à la quatrième puissance et inversement proportionnelle au quarré de la longueur du prisme.

On ne peut conclure autre chose de cette théorie, vu que N est aussi grand que l'on veut, si l'on prend l très-petite, et qu'elle ne tient nul compte de ce que la pièce est écrasée sous une charge suffisante. De plus les supports dans la pratique n'ont pas leurs bases libres comme on l'a supposé. Il faut avoir recours à des règles empiriques.

Expériences de Rondelet sur les bois. — Rondelet a cherché à déterminer la charge par unité de section qui produit la rupture d'un support à base rectangulaire.

c, le côté du carré, l, la longueur du prisme, étaient dans les rapports suivants :

$\frac{l}{c}$	12	24	36	48	60	72
Nombres proportionnels aux charges de rupture.	20	12	8	4	2	1
Charges exprimées en kilogrammes.	350	210	140	70	35	17,5

Ces résultats, représentés par une courbe que l'on a rectifiée en s'aidant du sentiment de la continuité, sont devenus

350 210 124 70 36,6 17,5.

Rondelet a établi que pratiquement il ne faut pas charger la tête d'un poteau de plus de $\frac{1}{7}$ du poids produisant la rupture.

Expériences de Hodgkinson sur les bois. — M. Morin cite les expériences de Hodgkinson, desquelles il résulte que

$$P = 2562\left(\frac{c^4}{l^2}\right),$$

P charge de rupture en kilogrammes,
l hauteur en décimètres,
c en centimètres.

Pour déterminer le côté du carré d'un poteau devant résister à un effort P, on se servira de la formule

$$P = 366\left(\frac{c^4}{l^2}\right).$$

Expériences de Hodgkinson sur les colonnes en fonte. — Hodgkinson a fait aussi des expériences sur des supports en fonte de forme cylindrique, pleines et à bases plates ; la charge de rupture est

$$P = 10400\,\frac{d^{3,6}}{l^{1,7}},$$

P en kilogrammes,

d en centimètres,

l en décimètres.

Mais d'après M. Morin, la prudence exige que l'on ne dépasse pas $\frac{1}{6}$ de la charge de rupture, en sorte que

$$P = 1730\,\frac{d^{3,6}}{l^{1,7}},$$

Si les colonnes sont creuses, si d est le diamètre extérieur et d' le diamètre intérieur, on a, charge de rupture

$$P = 10200\,\frac{d^{3,6} - d'^{3,6}}{l^{1,7}},$$

Charge limite à faire supporter

$$P = 1700\,\frac{d^{3,6} - d'^{3,6}}{l^{1,7}}.$$

Remarques générales sur les expériences de Hodgkinson. — Les remarques suivantes sont tirées des expériences de Hodgkinson et reproduites par M. Morin dans son ouvrage sur la résistance des matériaux.

« 1° Dans les piliers longs, à dimensions égales, la résistance à la rupture est à peu près trois fois plus grande quand les extrémités sont plates et perpendiculaires à la longueur ainsi qu'à la direction de l'effort, que lorsqu'elles sont arrondies.

« 2° Un pilier long, de dimension uniforme, dont les extrémités sont solidement fixées par des disques, des bases ou de tout autre manière, présente la même résistance à la rupture par compression qu'un pilier de même section, mais de longueur moitié moindre dont les extrémités seraient arrondies, même si l'effort était dirigé suivant l'axe.

« 3° Le renflement ou l'accroissement de diamètre des colonnes vers le milieu de leur longueur augmente leur résistance d'un septième à un huitième.

§ II. — Planchers.

Lorsque l'espace à recouvrir est peu considérable, on compose le plancher de solives s'appuyant sur les murs. Dans le cas contraire, on divise l'espace à recouvrir par des poutres, et les solives portent, d'une part sur les murs, et de l'autre sur les poutres.

Les solives, qu'elles soient en bois ou en fer, ont des dimensions fixées dans la localité où l'on construit ou dans l'usine de laquelle on les tire. Soient l la portée des solives, p le poids total dans toute la longueur de l'espace à recouvrir, réparti uniformément sur la portée, et p' le poids que peut supporter une solive donnée.

$$\mu = \frac{1}{8} p' l^2$$

$$R = \frac{v\mu}{I} = \frac{1}{8} p' l^2 \frac{v}{I}$$

d'où

$$p' = \frac{8R . I}{v . l^2} = \frac{8 . R . I . 1}{v \quad l^2}$$

On fera ce calcul pour chacune des poutres du pays ou à côté de chacun des types de double T que l'on fabrique dans une usine, et il sera facile de déterminer le nombre des solives dont on a besoin en divisant p par p'.

$$\frac{p}{p'} = n.$$

Dans le cas où le point d'appui serait une poutre, on voit qu'il supporte l'effort Q_0 produit par les solives d'un côté cette force est égale à $\frac{1}{2}pl$; la poutre supporte encore $\frac{1}{2}p_1l_1$ provenant des solives de l'autre côté; son calcul est très-facile à faire. Si la poutre doit être très-volumineuse, on la forme de plusieurs poutres que l'on réunit par des boulons en ayant soin de ménager une circulation d'air qui facilite la dessiccation ; on peut encore la faire d'un tronc volumineux scié en deux et dont on réunit les deux parties de la même manière en mettant à l'extérieur les surfaces sciées.

§ III. — Combles.

Les combles les plus simples sont ceux disposés en appentis; si l'on n'a pas à redouter la poussée horizontale qui tend à renverser le mur en dedans, on peut les disposer comme dans la (*fig.* 52). Dans le cas contraire, on ajoute au système un entrait. Pour empêcher la flexion de l'arbalétrier, on se sert d'une contre-fiche (*fig.* 53 et 54).

Les combles à double pente et à petite portée consistent tout simplement en deux arbalétriers supportés par les murs qui reçoivent toute la poussée (*fig.* 55).

Si p est le poids uniformément réparti sur l'arbalétrier, dont la longueur est l, l'équilibre de ce système articulé est traduite par les équations suivantes :

(Au point A l'action d'un des arbalétriers sur l'autre est horizontale.)

$$Q = pl$$

$$S^1 = S = \frac{1}{2} p \frac{l^2}{h} . \cos \alpha = \frac{1}{2} p \frac{a \,.\, l}{h}.$$

Décomposons les forces p en forces perpendiculaires à l'arbalétrier et en forces suivant la fibre moyenne dont le moment est négligeable par rapport aux différents points de l'arbalétrier. Le moment fléchissant maximum des forces extérieures qui tendent à faire fléchir la pièce est

$$\mu = \frac{1}{8} p \,.\, l^2 \cos \alpha ;$$

la force

$$N = -S \,.\, \cos \alpha - P \,.\, \sin x.$$

Cette force N, pour le point milieu qui est le plus fatigué, est

$$N = -\frac{1}{2} pa \left(\frac{l}{h} + \frac{h}{a}\right)$$

L'effort moléculaire maximum, au milieu de l'arbalétrier, est

$$R = \frac{v}{I} \cdot \frac{1}{8} pal + \frac{1}{2} pa \left(\frac{l}{h} + \frac{h}{a}\right) \cdot \frac{1}{\Omega}$$

Il est le plus souvent utile d'empêcher la poussée horizontale de s'exercer sur le mur ; on la détruit par l'emploi d'un entrait ou d'un tirant, comme c'est indiqué dans les figures suivantes. On peut, si le tirant est très-long, le soulager au milieu par un poinçon auquel il vient se suspendre au moyen d'un étrier. Quand l'arbalétrier a une grande portée, il a besoin d'être aussi supporté, ce que l'on fait avec des contre-fiches ou encore avec un faux entrait (*fig.* 56).

Dans de certaines circonstances on est obligé de supprimer les tirants qui encombrent l'espace compris entre les murs ; alors on a recours soit à la forme (*fig.* 57), soit au comble à la Philibert Delorme (*fig.* 58) que l'on a restauré. Dans ce dernier système, la forme générale est celle d'une demi-circonférence surmontée de deux pentes pour faciliter l'écoulement des eaux.

Polonceau a inventé une disposition facilitant l'emploi du fer et de la fonte et permettant de couvrir de très-grands espaces. Chaque arbalétrier se compose d'une poutre armée, soutenue par un ou trois poinçons. Nous allons détailler le calcul relatif au cas d'un arbalétrier posant sur trois poinçons, qu'on assimile à une poutre posée sur cinq points d'appui.

Poutre posée sur cinq points d'appui équidistants et de même niveau. — La formule de Clapeyron

$$4l_1, \mu_0 + 8(l_1 + l_2)\mu_2 + 4l_2\mu_2 = p_1 l^3 + p_2 l^3_2$$

pour

$$l_2 = l_1 = l,\ p_1 = p_2 = p$$

devient

$$4l\mu_0 + 16l\mu_1 + 4l\mu_2 = 2pl^3$$

ou

$$2\mu_0 + 8\mu_1 + 2\mu_2 = 2pl^2$$

Entre les moments fléchissants aux points d'appui il existe trois équations

(a) $$8\mu_1 + 2\mu_2 = pl^2$$
(b) $$2\mu_1 + 8\mu_2 + 2\mu_3 = pl^2$$
(c) $$2\mu_2 + 8\mu_3 = pl^2.$$

$\mu_0 = 0$, $\mu_1 = \mu_3$, ainsi que le montrent les équations (*a*) et (*c*). De (*b*) et (*a*) on conclut

$$\mu_1 = \frac{3}{28}pl^2$$

$$\mu_2 = \frac{1}{14}p \cdot l^2$$

Pour trouver les efforts tranchants, on a la formule générale

$$-Q_0 l + \frac{1}{2} p l^2 + \mu_0 - \mu_1 = 0,$$

qui, appliquée à notre problème, fournit

$$-T_0 l + \frac{1}{2} p l^2 - \mu_1 = 0,$$

$$-T_1 l + \frac{1}{2} p l^2 + \mu_1 - \mu^2 = 0,$$

$$-T_2 l + \frac{1}{2} p l_2 + \mu_2 - \mu_3 = 0,$$

dans lesquelles

$$T_0 = Q_0 \text{ et } T_n = Q_0$$

D'où

$$T_0 = \frac{11}{28} pl$$

$$T_1 = \frac{15}{28} pl$$

$$T_2 = \frac{13}{28} pl$$

Les réactions aux appuis sont liées aux efforts tranchants par la relation

$$-T_0 + pl + T_1 - Q_1 = 0;$$

d'où

$$Q_1 = \frac{32}{28} pl$$

et

$$Q_2 = \frac{26}{28} pl$$

On aurait d'ailleurs pu se servir des deux équations suivantes

$$2Q_0 - 2pl^2 + Q_1 l + \mu_2 = 0,$$
$$2Q_0 + 2Q_1 + Q_2 = 4pl,$$

obtenues en considérant la pièce depuis son origine jusqu'à chacun des appuis.

Dans la première travée, l'équation de moment pour une portion de la travée est

$$\mu = \frac{px^2}{2} - \frac{11}{28} plx,$$

dont le minimum analytique, répondant à $x = \frac{11}{28} l$, est

$$\mu' = -0,0771\, pl^2.$$

Pour la seconde travée

$$\mu = \frac{px^2}{2} - \frac{15}{28} p \,.\, l \,.\, x + \frac{3pl^2}{28}$$

a pour minimum analytique

$$\mu'' = 0,0364\, pl^2,$$

répondant à $x = \frac{15}{28} l.$

En définitive, les moments fléchissants principaux sont

$$\mu' = -0,0771\, pl^2 \qquad \mu_1 = 0,1071\, pl^2$$
$$\mu'' = -0,0364\, pl^2 \qquad \mu_2 = 0,0714\, pl^2.$$

On peut se demander s'il n'est pas possible de réduire μ_1 et μ_2 au moyen d'une différence de niveau entre les appuis.

Pièce posée sur cinq appuis équidistants, non de niveau.—Faisons $p_1 = p_2 = p$, $l_1 = l_2 = l$, $\varepsilon_1 = \varepsilon_2 = \varepsilon$ et $\mu_0 = o$ dans la formule générale

$$4\frac{l_1}{\varepsilon_1}\mu_0 + 8\left(\frac{l_1}{\varepsilon_1} + \frac{l_2}{\varepsilon_2}\right)\mu_1 + 4\frac{l_2}{\varepsilon_2}\mu_2 = \frac{p_1 l_1^3}{\varepsilon_1} + \frac{p_2 l_2^3}{\varepsilon_2} - 24\left(\frac{y_1}{l_1} - \frac{y_2}{l_2}\right),$$

il vient

$$8\mu_1 + 2\mu_2 = pl^2 - \frac{12\varepsilon}{l^2}(y_1 - y_2).$$

Pour les deuxième et troisième travées, on a

$$4\mu_1 + 8\mu_2 = pl^2 - \frac{24\varepsilon}{l^2} y_2,$$

parce que $\mu_1 = \mu_3$, vu la symétrie de la pièce.

En résolvant ces équations, on obtient les valeurs

$$\mu_1 = \frac{3pl^2}{28} - \frac{6\varepsilon}{7l^2}(2y_1 - 3y_2)$$

$$\mu_2 = \frac{pl^2}{14} - \frac{6\varepsilon}{7l^2}(5y_2 - y_1).$$

Dans le cours de la première travée

$$\mu = \frac{px^2}{2} - \left(\frac{pl^2}{2} - \mu\right)\frac{x}{l}$$

déduite de l'équation générale

$$\mu = \mu_1 - \mu_0 + T_0 x - \frac{1}{2}px^2 = \frac{p_1 x^2}{2} - \left(\frac{p_1 l_1^2}{2} + \mu_0 - \mu_1\right)\frac{x}{l} + \mu_0.$$

Dans le cours de la seconde travée

$$\mu = \frac{px^2}{2} - \left(\frac{pl^2}{2} + \mu_1 - \mu_2\right)\frac{x}{l} + \mu_1.$$

En différentiant ces deux expressions par rapport à x, on voit que le minimum de la première a lieu pour

$$2px = \frac{pl^2}{2} - \mu,$$

et de la seconde pour

$$2px = \frac{pl^2}{2} + \mu_1 - \mu_2.$$

Ces minimums sont

$$\mu' = -\frac{1}{2pl^2}\left(\frac{pl^2}{2} - \mu_1\right)^2,$$

$$\mu'' = -\frac{1}{2pl^2}\left(\frac{pl^2}{2} + \mu_1 - \mu_2\right)^2 + \mu_1.$$

Tâchons de rendre égaux μ_1 et μ'', qui dans le premier problème étaient le plus grand et le plus petit moment fléchissant.

Soient

$$\mu_1 = -\mu'' = \mathrm{K}pl^2,$$

$$\mu' = -\frac{1}{2pl^2}\left(\frac{pl^2}{2} - \mathrm{K}pl^2\right)^2,$$

$$= -\frac{pl^2}{2}\left(\frac{1}{2} - \mathrm{K}\right)^2,$$

$$\mu_2 = \left(\frac{1}{2} + \mathrm{K} - 2\sqrt{\mathrm{K}}\right)pl^2.$$

On voit que μ_1 et μ'' diminuent avec K et que μ_1 augmente en valeur absolue. La meilleure valeur de K est celle qui répond à

$$\mu_1 = \mu'' = \mu',$$

d'où

$$\frac{1}{2}\left(\frac{1}{2} - \mathrm{K}\right)^2 = \mathrm{K},$$

et

$$\mathrm{K} = 0{,}086,$$

$$\mu_1 = \mu'' = \mu' = 0{,}086\,pl^2,$$

$$\mu_2 = 0.$$

Les valeurs de y tirées des équations

$$\frac{6\varepsilon}{7l^2}(2y_1 - 3y_2) = 0,021\, pl^2,$$

$$\frac{6\varepsilon}{7l^2}(5y_2 - y_1) = 0,071\, pl^2,$$

sont

$$y_1 = 0,053\, \frac{pl^4}{\varepsilon},$$

$$y_2 = 0,027\, \frac{pl^4}{\varepsilon}.$$

Pour trouver les réactions on a toujours

$$Q_0 l - \frac{1}{2} pl^2 + \mu_1 = 0,$$

d'où l'on tire

$$Q_0 = 0,414\, pl,$$
$$Q_1 = 1,172\, pl,$$
$$Q_2 = 0,828\, pl.$$

Comble Polonceau. — Pour simplifier la théorie du comble Polonceau, on néglige le poids des armatures, ou mieux on l'évalue approximativement et on la fait entrer dans la charge p uniformément répartie sur l'arbalétrier. On considère de plus que les articulations n'éprouvent aucun frottement. On peut ou non mettre le tirant CI (*fig.* 59), mais il est préférable de l'employer de manière à annuler la poussée horizontale. Les forces p se décomposent en deux séries de forces, les unes perpendiculaires à la pièce, les autres suivant l'axe moyen. Les premières donnent lieu à un couple et à un effort tranchant dans chaque section, les autres produisent une tension longitudinale. La recherche du moment fléchissant est ramenée à celle du couple de flexion dans le cas d'une pièce posée sur appuis et chargée de forces uniformément réparties et perpendiculaires à la fibre moyenne.

En considérant la poutre armée ABC, on a

$$N = T',$$
$$P = 4pl.$$

Si lc n'existait pas, le moment des forces qui agissent sur ABC étant pris par rapport à A, on aurait

$$N = 8\frac{pl^2}{H} \cdot \cos\alpha;$$

mais si l'on emploie le tirant, dont la distance au point B est b, pour anéantir la poussée — T' de la poutre sur le mur, on trouve la valeur de $N = T$ en prenant les moments des forces par rapport au point B.

$$Tb = P4l.\cos\alpha - 8p.l^2.\cos\alpha;$$

or

$$P = 4pl,$$

donc

$$T = 8\frac{p.l^2.\cos\alpha}{b}.$$

L'équilibre de l'arbalétrier AB, sous l'action des réactions exercées par les points d'appui que constitue l'armature, donne l'équation suivante

$$2Q_0 + 2Q_1 + Q_2 - 4pl.\cos\alpha = 0.$$

Considérons maintenant l'équilibre de chacune des articulations. D'abord au point A si l'on fait une section très-voisine de A (*fig.* 60) on voit que la partie de gauche reçoit un effort tranchant $+ Q_0$ que le couple μ_0 est nul, en sorte que l'extrémité A est en équilibre sous l'action des forces P, Q_0 et u, et que

$$Q_0 - P\cos\alpha + u\sin\beta = 0.$$

Le même raisonnement appliqué à la recherche de l'équilibre du point B conduit à

$$Q_0 - N . \sin\alpha + v . \sin\beta = 0.$$

L'articulation E est soumise aux forces Q_1, u, u_1, S, qui satisfont aux équations

De projection sur GE

$$Q_1 - (u + u' - S) \sin\beta = 0,$$

de projection sur AB

$$u - u' - S = 0.$$

Pour le boulon F, on a

$$Q_1 - (v + v' - S') \sin\beta = 0,$$
$$v - v' - S' = 0.$$

L'articulation D se tient en équilibre sous l'action des forces Q_2, S, S' et d'une force Q, qui provient de la bielle DC et tend à la comprimer ;

$$Q_2 - Q + (v' + u') \sin\beta = 0.$$

Il existe donc neuf équations entre les neuf inconnues, Q_0, T, S, U, S', U', V, V'. Quant à Q_1 et Q_2 on les détermine par les considérations précédentes, en supposant qu'elles s'appliquent sensiblement ici et que l'arbalétrier puisse être assimilé à une pièce simplement posée sur cinq appuis. Les mêmes théories font connaître le plus grand moment fléchissant.

La tension longitudinale augmente de $p \sin\alpha$ par chaque unité de longueur depuis le point B jusqu'au point A. En B elle est

$$N_B = T \cos\alpha + v . \cos\beta ;$$

en D

$$N_D = T \cos\alpha + (v + u' - v') \cos\beta + 2pl . \sin\alpha,$$

et en A

$$N_A = T\cos\alpha + (v + u' - v')\cos\beta. + 4pl.\sin\alpha.$$

En résolvant le système des neuf équations, on a successivement :

$$Q_0 = 2p.l.\cos\alpha - Q_1 - \frac{1}{2}Q_2$$

$$u = \frac{4p.l.\cos\alpha - Q_0}{\sin\beta}$$

$$v = \left(8\frac{pl^2}{b}\cos\alpha.\sin\alpha - Q_0\right)\frac{1}{\sin\beta}$$

$$u' = \frac{Q_1}{2\sin\beta}$$

$$S = u - u'$$

$$v' = \frac{Q_1}{2\sin\beta}$$

$$S' = v - v'$$

$$Q = Q_2 + (v' + u')\sin\beta.$$

Exemple. — Soient $p = 800^k$, calculée d'après le poids de la couverture, de la neige que le comble peut avoir à supporter, de l'action du vent, etc.,

$l = 3$, $b = 5$ mètres, $H = 6{,}633$, portée $= 20$ mètres.

$$Q_0 = \frac{11}{28}p.l.\cos\alpha. = 785.71,$$

bielle GE et HF

$$Q_1 = \frac{32}{28}p.l.\cos\alpha = 2285.71$$

résistance de la fonte à la compression 6 kil.,

Diam. = 32 millim.,

$$Q_2 = \frac{26}{28}pl.\cos\alpha = 1857.14$$

$$P = 4\,pl = 9600.$$

tirant CI,

$$T = 8600,$$

résistance du fer forgé 6^k

$$D = 43 \text{ millim.}$$

AE	$u = 22811$,	fer forgé,	$D = 70$ millim.
FB	$v = 11888$,	fer forgé,	$D = 50$ —
ED	$u' = 3604$,	fer forgé,	$D = 28$ —
FD	$v' = u' = 3604$,	fer forgé,	$D = 28$ —
EC	$S = 19197.$,	fer forgé,	$D = 64$ —
CF	$S' = 8285.$,	fer forgé,	$D = 42$ —
DC	$L = 24710$,	fonte,	$D = 73$ —

Les moments fléchissants principaux sont

$$\mu_1 = 0,1071\ pl^2 \cos\alpha. = 642,60.$$
$$\mu^1 = -\ 0,0771\ pl^2.\cos\alpha = -\ 462,60.$$

Après quelques tâtonnements, on trouve que la section (*fig.* 61) convient à l'arbalétrier.

$$I = \frac{1}{12}\left(0,08 \times \overline{0,20}^3 - 0,065 \times \overline{0,17}^3\right)$$
$$= 0,0000267$$
$$\Omega = 0,08 \times 0,20 - 0,065 \times 0,17$$
$$= 0,00495.$$

Au point G

$$\pm \frac{v\mu}{I} = \pm\ 2.41$$
$$N = 21952$$
$$\frac{\mu}{\Omega} = 4,43$$
$$R = \begin{matrix} -\ 2,02 \\ -\ 6,84 \end{matrix}$$

Au point dont le moment est μ^1

$$\pm \frac{v\mu}{I} = \mp 1,73$$

$$N = 22595$$

$$\frac{N}{\Omega} = 4.57$$

$$R = \begin{matrix} -6.30 \\ -2.84 \end{matrix}$$

Or ce sont là les deux points les plus exposés.

Si l'on avait désiré profiter de l'augmentation de résistance provenant de l'abaissement des points d'appui, il aurait fallu fabriquer l'arbalétrier de façon qu'il présentât, couché sur le chantier, les différences de niveau résultant du calcul et le poser néanmoins sur des appuis en ligne droite. Cette manière de procéder évite l'effet disgracieux qui se produirait si l'arbalétrier en place n'offrait pas une forme rectiligne ; on aurait

$$y_1 = 0,053 \frac{pl^4}{\varepsilon}.\cos\alpha = 0,0051,$$

$$y_2 = 0,027 \frac{pl^4}{\varepsilon} \cos\alpha. = 0,0027,$$

en conservant le même profil que précédemment ; ensuite

$$Q_0 = 0,414\, pl \cos\alpha,$$
$$Q_1 = 1,172\, pl \cos\alpha,$$
$$Q_2 = 0,828\, pl.\cos\alpha.$$

Le reste du calcul n'offre plus de difficulté.

CHAPITRE IX.

STABILITÉ DES MAÇONNERIES.

I. — Stabilité des voûtes.

Une voûte est un appareil de maçonnerie formé de matériaux se tenant en équilibre sous l'action de la pesanteur et des réactions qu'ils exercent les uns sur les autres et reliés par un mortier qui augmente leur stabilité, mais dont on néglige l'influence dans l'étude de leur résistance. Depuis quelques années on fait des voûtes monolithes.

Vérification de l'équilibre mathématique d'une voûte ; recherche du joint de rupture. — L'expérience apprend qu'une voûte, au moment de sa ruine, s'ouvre de l'une des trois manières suivantes :

1° Ouverture à la clef et à l'intrados, à droite et à gauche de la clef, aux points que l'on appelle les reins de la voûte. Les pieds-droits se soulèvent à leur partie inférieure du côté du vide en tournant autour de leur base.

2° Ouverture dans ces mêmes conditions d'affaissement de la clef, mais les pieds-droits glissant sur leur base.

3° Soulèvement à la clef, ouverture à l'extrados à la clef et à l'intrados dans les reins, les pieds-droits se soulevant extérieurement à leur base.

Pour vérifier l'équilibre d'une voûte, il faut exprimer qu'une rotation est impossible autour des points où elle tend à se produire. L'hypothèse qui sert de base à la théorie est celle de l'incompressibilité des matériaux et de leur résistante illimitée avec laquelle on admet qu'une portion de la voûte peut reposer sur l'autre par une arête sans qu'il y ait écrasement de celle-ci. La voûte forme ainsi un système articulé au moment où elle menace ruine. La voûte étant symétrique de part et d'autre de la clef, il s'exerce en c (*fig.* 62) une force N qui est horizontale, et si l'on appelle P et Q les poids qui agissent sur la voûte et son pied-droit et Rx, Ry, les composantes de la réaction du sol, la voûte dans le premier cas tendant à être renversée par la force N, on a, pour que le mouvement ne soit pas possible

$$N(\psi + y) \leqslant Q\varphi' + P(\varphi + x);$$

mais dans la considération de l'équilibre stable de ac on trouve que

$$N < \frac{P\varphi}{\psi};$$

donc si l'on fait

$$\frac{P\varphi}{\psi} < \frac{L\varphi' + P(\varphi + x)}{\psi + y},$$

la condition sera remplie. Le second membre de l'inégalité est le moment de la voûte entière par rapport à l'arête extérieure de la base divisé par la hauteur de l'arête d'extrados à la clef ; c'est une quantité constante, tandis que le premier membre varie avec le point a ; c'est donc le maximum de ce premier membre qu'il faut chercher. Cette valeur répond évidemment à l'endroit de la voûte le plus menacé et qu'on appelle pour cette raison le joint de rupture.

Lorsqu'une fonction est à son maximum, les deux valeurs très-voisines, l'une en deçà et l'autre au delà, sont égales. Cette remarque trouve ici son application. Supposons que les charges de la voûte ne croissent pas brusquement et que le joint de rupture soit vertical, comme il doit l'être nécessairement dans une voûte monolithe, vu que toutes les parties à droite de ce joint tendent à consolider le reste de la voûte. Pour les matériaux détachés on peut encore le considérer vertical quand ces voûtes ont ou une très-petite flèche ou une faible épaisseur. Soit *a* (*fig.* 63) le joint de rupture; en considérant la portion de voûte qui est plus grande d'un élément, on doit avoir

$$\frac{P(\varphi + d\varphi) + dP \, . \, d\varphi}{\psi + d\psi} = \frac{P\varphi}{\psi};$$

ce qui peut se réduire à

$$\frac{\varphi + d\varphi}{\psi + d\psi} = \frac{\varphi}{\psi};$$

d'où

$$\frac{d\varphi}{d\psi} = \frac{\varphi}{\psi}.$$

Donc la tangente au point de rupture passe par le point de rencontre de la force N et de la force P.

Il faut s'assurer en second lieu que le pied-droit ne glissera pas sur sa base. Si f est le coefficient de frottement relatif à la matière dont se compose l'arête p et le support, on doit avoir

$$R_x < f . R_y;$$

mais

$$R_x - N = 0,$$
$$R_y - (P + Q = 0,$$

d'où

$$\frac{P\varphi}{\psi} \leqq f(P + Q).$$

Troisièmement enfin il faut examiner si les poids placés sur les reins ne soulèveront pas la clef pour renverser les pieds-droits à l'intérieur. Pour cela il faut que le moment des forces P et Q (*fig.* 64) soit plus petit que le moment de la force N_1 par rapport au point p, et l'on est conduit à chercher le minimum de $\frac{P\varphi}{\psi'_1}$, φ étant l'abscisse de la force P relativement au point de rotation à l'extrados et ψ' l'ordonnée de l'arête d'intrados de la clef.

Si l'on suppose qu'une voûte soit en équilibre, on comprend que c'est entre ces deux valeurs N et N_1, que se trouvera la véritable réaction horizontale, mais sa détermination n'est pas possible, puisqu'elle prend une valeur correspondante à chaque point c qu'on se donne ; on sent dès lors l'indétermination de ce problème.

Vérification de la résistance de la voûte. — D'ailleurs en se donnant le point de départ il est toujours possible de trouver une réaction N en considérant les moments de toutes les forces autour d'un des points de la base. Au moyen de cette réaction, on déterminera facilement les réactions en un joint quelconque de la voûte. La portion de voûte ABED (*fig.* 65) est en équilibre sous l'action des forces N, P et de la résultante P^1 des actions parallèles de la partie EDF sur la partie EDAB. De là la force P^1 en grandeur et en direction et son point d'application C'. Par la nature des matériaux, on admet que ceux-ci ne sont susceptibles que d'une très-faible tension, que l'on néglige, et que la force P est la résultante des efforts de compression qui sont proportionnels à la déformation. La compression étant nulle en g, la force moléculaire y est nulle, puis elle croît proportionnellement jusqu'en D ; P' est donc à une distance de D égale à $1/3\ l$. En considérant une longueur de voûte égale à l'unité et en appelant R l'effort maximum, qui a lieu au point D, on voit que P est égale à l'aire $1/2\ e.R$, d'où

$$R = 2\frac{P}{e} = \frac{2}{3}\frac{P}{a};$$

il faudra que cette valeur ne dépasse pas la limite donnée, 1/10 de la résistance à l'écrasement.

La suite des points c, c', etc., forme ce qu'on appelle la courbe des pressions ; le point c' répond à deux inconnues, ces coordonnées φ et ψ et entre ces cinq quantités φ, ψ, N, P, P', il existe la relation

$$N = P\frac{\varphi}{\psi}$$

et deux équations de projection.

Étant données	On trouvera
C , N, P,	P^1, C^1.
C^1, N, P,	P^1, C.
C^1, P, P^1,	N, C.

Dans une voûte, dont on veut vérifier la stabilité, on essaye de tracer une courbe de pression satisfaisant aux conditions de résistance. La courbe de pression ne peut sortir de la voûte, car s'il en était ainsi, la résultante des actions moléculaires pour une section dans ce cas proviendrait de forces les unes négatives, les autres positives, comme cela peut avoir lieu dans la flexion du bois et des métaux. La courbe ne peut non plus toucher l'intrados ni l'extrados, car au point de contact tout l'effort se produisant sur une arête, celle-ci serait écrasée.

Ponts métalliques en arc. — On peut calculer les ponts métalliques en arc comme les voûtes, en cherchant une courbe de pression ; si la pièce courbe est composée de voussoirs en fonte, la courbe de pression ne pourra tomber en dehors : autrement les voussoires s'ouvriraient ; mais si la pièce est telle qu'elle puisse éprouver une flexion complète, c'est à-dire qu'en une section il puisse se former des tensions, la courbe pourra tomber en dehors, et l'on calculera l'effort en chacun des points d'une section C' par la formule

$$R = \frac{8\mu}{I} - \frac{N}{\Omega},$$

dans laquelle

$$\mu = M_c P^1$$

et $N = P^1$ projeté sur une perpendiculaire à la section.

EXEMPLE. — (*fig.* 66).

Calcul des poids et de leurs résultantes.

(La voûte est divisée en zones limitées par des verticales.)

NUMÉROS des solides.	LARGEUR.	LONGUEUR moyenne.	PRODUITS.	POIDS spécifique.	POIDS		DISTANCE à l'axe.	MOMENTS.	RÉSULTANTES.	MOMENTS des résultantes.	DISTANCE de ces résultantes.
					partiels.	totaux.					
a	0,40	0,215	0,086	1500	129	»	»	»	»	»	»
a'	0,40	0,205	0,082	2000	164	295	0,20	58,6	»	»	»
»	»	»	»	«	»	»	»	»	657	265,0	0,41
b	»	0,28	0,112	1500	168	»	»	»	»	»	»
b'	»	0,22	0,088	2000	176	544	0,60	206,4	»	»	»
»	»	»	»	«	»	»	»	»	1066	694,0	0,65
c	»	0,425	0,170	1500	225	»	»	»	»	»	»
c'	»	0,255	0,102	2000	204	429	1,00	429,0	»	»	»
»	»	»	»	«	»	»	»	»	1754	1629,2	0,94
d	»	0,66	0,264	1500	596	»	»	»	»	»	»
d'	»	0,54	0,156	2000	272	668	1,40	935,2	»	»	»
»	»	»	»	«	»	»	»	»	2190	2404,4	1,09
e	0,20	0,90	0,180	1500	270	»	»	»	»	»	»
e'	»	0,465	0,095	2000	186	456	1,70	775,2	»	»	»
»	»	»	»	«	»	»	»	»	2887	5728,7	1,29
f	»	1,15	0 226	1500	559	»	»	»	»	»	»
f'	»	0,845	0,179	2000	558	697	1,90	1524,5	»	»	»
»	»	»	»	«	»	»	»	»	4449	7165,1	1,61
g	0,40	1,85	0,752	1500	1098	»	»	»	»	»	»
g'	»	0,580	0,252	2000	464	1562	2,20	5456,4	»	»	»

Supposons que la courbe de pression parte du point C (à 0,10 au-dessus de l'intrados à la clef) et aboutisse au point p (à 0,21 de la l'intrados au pied-droit).

$$N = \frac{4449 \times 0,60}{2,10} = 1271.$$

La courbe de pression est facile à construire de la manière suivante ; sur les directions 1, 2, 3, 4, on porte, à partir de l'horizontale N, des longueurs proportionnelles aux résultantes, puis au pied de ces longueurs on élève une perpendiculaire égale à N et l'on a deux points de la direction de la résultante de N et P en même temps que sa véritable grandeur. Le joint le plus menacé est celui qui s'approche le plus des limites de la voûte ; il répond au joint de rupture. Pour le point a l'effort est

$$\frac{2}{3} \frac{\sqrt{N^2 + P^2}}{0,08} = \frac{2}{3} \frac{2879}{0,08} = 23960,$$

qui n'excède aucune des limites de résistance des pierres.

Projet d'un mur de réservoir d'eau (*fig.* 67). — Vu la grande hauteur à laquelle agit la poussée horizontale (hauteur qu'il faudra toujours rendre la plus faible possible) et pour diminuer les épaisseurs du mur, je lui donne une saillie de 0,30 dans sa partie inférieure et je le relie avec le reste de la construction au moyen de tirants en fer, ce qui augmente le poids qui tend à asseoir ce mur ; ainsi dans le calcul je fais entrer une partie du volume de l'eau (voir les lettres c, d, e). L'eau est contenue dans un bassin porté par des berceaux en maçonnerie perpendiculaires au mur.

POUR LA SECTION HORIZONTALE A

	Forces.		Moments A.
triangle b	$\frac{1,50 \times 1,50 \times 1800}{2}$ =	2025 k.	2632, 5
rectangle c	$1,50 \times 1,00 \times 1000$ =	1500 k.	2325, 0
triangle d	$\frac{1,50 \times 1,50 \times 1000}{2}$ =	1125 k.	2025, 0
rectangle a	$0,80 \times 3,00 \times 1800$ =	4320 k.	1728, 0
rectangle e	$0,75 \times 2,50 \times 1000$ =	1875 k.	5006,25
résultante de	a, b, c, d, e =	10845 k.	13716,75
poussée de l'eau		3,125 k.	

POUR LA SECTION HORIZONTALE B

	Forces.		Moments B.
rectangle f	$2 \times 1,00 \times 1800$ =	3600 k.	1800,00
résultante	a, b, c, d, e =	10845 k.	16970,25
résultante	a, b, c, d, e, f =	14445 k.	18770,25

POUR LA SECTION HORIZONTALE C

	Forces.		Moments C.
rectangle	$g = 1,00 \times 5 \times 1800$ =	9000 k.	4500
résultante de	a, b, c, d, e, f =	14445 k.	18770,25
résultante de	a, b, c, d, e, f, g =	23445 k.	23270,25

La force moléculaire est au point D, le plus menacé,

$$R = \frac{2}{3}, \frac{23445}{0,15} = 105000.$$

CHAPITRE X.

DES MACHINES.

§ I. — Boulons, rivets, écrous, vis, chaînes, cables.

Boulons et rivets. — Les rivets sont des pièces destinées à lier entre elles des plaques de métal, soit tôle, soit acier, soit cuivre. La rivure s'effectuant à chaud, il arrive que le rivet mis en place tend à perdre la dilatation produite par la chaleur; il suit de là qu'il serre les feuilles de métal les unes contre les autres, ce qui donne lieu à un frottement considérable qui ajoute à la résistance. Ce frottement, évalué par certains auteurs ne doit pas entrer dans le calcul de la résistance de la rivure, car la pression, qui produit ce frottement, maintien le rivet dans un état de tension permanente, qui peut sur certains points dépasser la limite de résistance ; ceci arrive surtout quand le rivet a été posé trop chaud. On comprend en définitive que c'est avec la résultante de cette tension et de l'effort tranchant qu'il faudrait faire le calcul de la résistance des rivets.

Soit pour les boulons, soit pour les rivets, on ne tient généralement compte que de l'effort tranchant ou effort de cisaillement. On a déterminé la limite de résistance au cisaillement en exerçant des efforts de traction sur des assemblages de plaques métalliques, faits avec des barres du métal à éprouver. On a trouvé qu'elle est à peu près égale à celle d'une barre exposée à une traction longitudinale. On prend en général les 0,8 R.

Pour déterminer le diamètre du boulon ou le nombre de rivets nécessaires pour assembler un nombre n de feuilles de tôle, on remarque que n feuilles donne lieu à $n-1$ joint de rupture du boulon ou du rivet. Il faut faire en sorte que la résistance des feuilles de tôle soit la même; donc la somme des sections de rupture d'un rivet doit être égale au vide laissé entre les rivets.

Pour les joints à simple rivure, si d est le diamètre et n le nombre des rivets, la largeur totale de la feuille est $(2n+1)\,d$ et $(n+1)\,d$ est la largeur des vides; le métal est donc affaibli par la rivure simple dans le rapport

$$\frac{(n+1)d}{(2n+1)d}=\frac{n+1}{2n+1}=0{,}50+\frac{1}{2(2n+1)},$$

rapport égal à peu près à 0,50 si n est grand.

Si la rivure comprenant le même nombre de rivets est faite sur deux rangs, le rang le plus affaibli en aura $\frac{n-1}{2}+1$, si n est impair. L'espace laissé sera $(2n+1)d$ $-\left(\frac{n-1}{2}+1\right)d$; le métal résistera dans le rapport

$$\frac{\frac{1}{2}(3n+1)d}{(2n+1)d}=0{,}75,$$

si n est considérable.

Il importe d'éviter que la rivure se déforme et prenne une telle position que l'effort s'exerce obliquement sur la tête des rivets car leur résistance, suivant un calcul facile à faire en se servant de la formule $R=\frac{V\mu}{I}-\frac{N}{\Omega}$, diminue d'au moins la moitié. On empêche ce défaut de se produire par l'emploi des couvre-joints.

Vis et écrous. — Les vis et les écrous, qui s'adaptent aussi aux boulons, servent à opérer des assemblages susceptibles d'être démontés. La vis peut servir à exercer des pressions suivant son axe, à soulever des fardeaux, puisqu'elle est un plan incliné transformé. On donne en général au filet 1/10 du diamètre total en saillie.

La section résistante est (*fig.* 68)

$$\frac{\pi}{4}(0{,}8\,.\,d)^2,$$

si le fer supporte 6 kil. par millim. et que l'effort soit P,

$$P=6\times\frac{\pi}{4}(0{,}8.\,d)^2,$$

d'où

$$d=0{,}575\sqrt{P}.$$

Si e est l'épaisseur de la tête, on doit avoir

$$R'.\,2\pi\,.\,0{,}8\,.\,d\,.\,e=\frac{\pi}{4}(0{,}8\,d)^2.\,R;$$

d'où, en faisant

$$R'=4,\quad R=6,\quad e=\frac{1}{4}d.$$

Pour les écrous de vis à filets triangulaires

$$R'.\,h\,.\,2\,.\,0{,}8\,.\,\pi d=\frac{\pi}{4}(0{,}8\,d)^2\,R,$$

d'où

$$h=\frac{1}{2}d,$$

en prenant

$$R' = 0{,}8\ R.$$

Pour les écrous de vis à filets rectangulaires,

$$R'\frac{h}{2} \cdot 2\ 0{,}8\ \pi d = \frac{\pi}{4}(0{,}8\ d)^2 R,$$

d'où

$$h = d.$$

La pratique prend $h = 1.5\ d$ pour les écrous qui doivent être alternativement serrés et desserrés.

Chaînes. — Les formes des chaînes les plus usuelles sontre présentées (*fig.* 70 et 71). On réunit des maillons en tôle par un boulon. Il y a $2n + 1$ maillons, n maillons seulement doivent supporter la charge et les $2n$ sections du boulon résistent au cisaillement, en sorte que si P est le poids à soulever,

$$2e \cdot f \cdot n \cdot R = \pi \cdot \frac{d^2}{4} \cdot 2n \times 0{,}8 R = P.$$

Ces deux équations permettent de trouver f et d en se donnant n et e.

On forme aussi des maillons avec du fer en barre. Si d est le diamètre de la section du fer on a,

$$2\frac{\pi}{4}d^2$$

pour la section résistante. La charge limite que peut supporter l'unité superficielle dans une telle disposition n'est que les 3/4 de la limite R, en sorte que

$$2\frac{\pi}{4}d^2\ \frac{3}{4}R = P.$$

La cause de ce fait c'est qu'il y a une flexion qui tend à se produire dans le chaînon. On y remédie en entretoisant le maillon au moyen de ce qu'on appelle un étançon.

Câbles. — Les câbles en fer sont ainsi fabriqués: On prend des fils que l'on place au nombre de 6 à 12 autour d'une âme en chanvre; on obtient l'élément d'un câble appelé toron. Les torons disposés autour d'une corde en chanvre constituent le câble. Si l'on a besoin de flexibilité on contourne les torons en hélice autour de l'âme en chanvre. Il est facile de comprendre que ces fils de fer ne travaillent pas tous au même degré, les uns étant plus tendus, les autres moins; cet inconvénient est d'autant plus sensible que le câble est plus gros et les fils plus petits.

Les ponts en fil de fer sont exécutés avec de plus gros échantillons, vu que l'on n'a pas besoin de tordre les fils. Il est facile de leur donner une tension uniforme; en conséquence on les fait travailler sans inconvénient jusqu'à 18 kil. par millim. dans l'épreuve.

Les câbles en chanvre sont formés de fils de caret, dont on fait ensuite des torons. Ils sont fabriqués de la même manière que les câbles en fer. La remarque déjà faite est à faire encore ici; plus le câble est gros, moins il est résultant par unité de surface. Les câbles humides et ceux qui sont goudronnés ont aussi une résistance moindre.

Les cordes blanches d'un diamètre de 13 à 14 millim. peuvent être chargées de. . . . . $4^k,40$

Celles de 23, de. . . . . $3^k,00$

Les cordages goudronnés, de. . . . . $2^k,20$

Exemple. — Jusqu'à quelle profondeur un câble, fabriqué avec une matière dont le poids est p, peut-il descendre un poids P? Le diamètre étant d, la résistance R, x la longueur limite, on a

$$\frac{\pi d^2}{4}.R = P + \frac{\pi . d^2}{4}.p.x,$$

d'où x.

Si P égalait o, on aurait

$$x = \frac{R}{p}.$$

Soient

$$p = 2600 \qquad R = 2000000$$

$$x = 766 \text{ mètres de profondeur.}$$

§ II. — Vases cylindriques et appareils de rotation.

Vases cylindriques. — Si un vase cylindrique est soumis à une force extérieure ou intérieure, uniformément répartie sur sa surface, il ne subit aucune flexion, le profil reste circulaire et deux sections M et M′ comprennent toujours entre elles le même angle (*fig.* 72).

$d\psi$ est donc nul, μ l'est aussi, et

$$R = -\frac{N}{\Omega}$$

est la force produite en un point quelconque de la section M. La pression totale qui s'exerce sur une section y est donc uniformément répartie. Si nous considérons une portion du vase symétrique par rapport à AB, nous remarquons que c'est en DE qu'est la plus petite section soumise au plus grand effort. La projection des forces appliquées uniformément sur une surface est égale à la projection de la surface multipliée par l'intensité de la force par unité superficielle; en sorte que ρ étant le rayon intérieur du vase, e son épaisseur, P la pression intérieure, p la pression extérieure,

$$2eR = 2\rho P - 2(\rho + e)\, p.$$

Mais e est très-faible relativement à ρ; on peut écrire

$$eR = \rho\,(P - p).$$

Si l'on considère le profil en long d'un tel vase, on voit

que la calotte reçoit une pression à laquelle doit résister la couronne circulaire formant section transversale; donc

$$2\pi\rho e R = \pi\rho^2 (P - p)$$
$$2\pi\rho e R = \rho^2 \ (P - p),$$

en négligeant encore e devant R.

Tuyaux de conduite. — En appliquant ces formules à la recherche des diamètres des tuyaux de conduite, les épaisseurs seraient souvent trop petites pour qu'on puisse facilement les couler, s'ils sont en fonte ; de plus il faut ajouter quelque chose pour la sécurité dans le transport et la pose.

Soit que l'on ait trouvé les épaisseurs suivantes, 0,001, 0,002, 0,004... 0,02, on ajoutera à toutes 2 millim., je suppose, pour la sécurité, et comme des tuyaux de 3 millimètres ne sont pas faciles à couler, s'ils ont un gros diamètre, quand ceux de 0,022 se fabriquent parfaitement, on ajoutera, je suppose, 3 millimètres à 0,003, rien à 0,022, et pour les autres on ajoutera en raison inverse de l'épaisseur.

Les réservoirs d'eau métalliques, les cuves, les cylindres de machine à vapeur, les chaudières, se calculeront d'après ces données.

Appareils de rotation. — Une couronne circulaire tournant autour de son centre d'un mouvement uniforme est sous l'action d'une force centripète, laquelle est uniformément répartie sur la jante, de sorte qu'un tel appareil peut être calculé comme un vase cylindrique soumis à une force intérieure uniformément répartie sur sa circonférence. χ étant cette force pour un arc égal à l'unité, on a $2\chi\rho$ pour la force totale exercée sur une demi-circonférence et perpendiculairement au diamètre qui détermine celle-ci. Appelons Ω la section, p le poids spécifique relatif,

$$\chi = \frac{p \, . \, \Omega}{g} \cdot \frac{v^2}{\rho},$$

$$2 . \frac{p . \Omega}{g} . v^2 = 2R . \Omega ,$$

d'où

$$\frac{p}{g} . v^2 = R.$$

Cela signifie que la vitesse à la circonférence dépend du poids spécifique et de la résistance de la matière, mais est indépendante de la section et du rayon.

$$v = \frac{n . 2\pi\rho}{60}$$

(n nombre de tours par minute).

$$\frac{p}{g} . \frac{n^2 4\pi^2\rho^2}{3600} = R.$$

$$n = \left(\frac{3600 . g . R}{4 . p . \pi^2 . \rho^2}\right)^{1/2}.$$

Cette expression donne la limite du nombre de tours en fonction de R. p et ρ.

Volants. — Si le rayon d'un volant n'excède pas 2^m,50 à 3 mètres on le fond d'une seule pièce, en ayant soin de faire des bras courbes afin qu'ils résistent au refroidissement ; si le rayon est trop grand on fait le volant de plusieurs pièces qu'on assemble de diverses manières (*fig.* 73 et 74).

En supposant qu'un assemblage se trouve à l'extrémité d'un diamètre où la rupture doit se produire, l'effort moléculaire s'exerçant dans l'assemblage sera

$$\chi . \rho ,$$

et l'on aura

$$2ebR = \frac{p\Omega}{g} . v^2 ,$$

pour calculer les plantes-bandes ;

$$4\pi . r^2 R = \frac{p\Omega}{g} . v^2,$$

pour les boulons;

$$eb . R = \frac{p\Omega}{g} . v^2,$$

pour la plante-bande de l'assemblage à claveter;

$$\frac{\Pi . \Omega}{g} . v^2 \frac{a}{8} = R . \frac{1}{6} d . c^2$$

pour les clavettes, d étant leur épaisseur. Ce dernier mode de consolidation est regardé comme dangereux parce que les clavettes dépassent la jante.

La réunion de la jante et des bras est telle que si la roue vient à rompre, chaque rayon empêche la projection de la partie qui lui correspond. Soit N le nombre des bras et soit Ω leur section; il faut que (*fig.* 75 et 76)

$$\Omega R = \chi . 2\rho . \sin \gamma,$$

$$\gamma = \text{arc répondant à } \frac{180^\circ}{N}.$$

Le moyeu est calculé de façon à empêcher la projection de la jante et des bras,

$$a . b . R = \chi' \rho;$$

χ' tient compte ici de la force centrifuge provenant de la rotation des bras.

Les turbines, les essoreuses, les poulies de transmission à grand diamètre, etc., ont des dimensions qui sont déduites des considérations précédentes.

Exemple. — Calcul des bras d'une turbine.

L'eau qui entre dans l'appareil possède une puissance vive dont elle abandonne la majeure partie, représentée par le rendement de la roue hydraulique. Ce travail que l'eau effectue peut être considéré comme produit par une force F appliquée à la jante de la turbine. Cette force se répartit entre les bras et tend à les fléchir horizontalement. En M

$$\mu = F.x$$

$$R = \frac{v\mu}{I}, \quad I = \frac{1}{4}\pi r^4, \quad v = r$$

$$R = \frac{4.F.x}{\pi.r^3}.$$

S'il arrivait que la roue se brisât, il faudrait que les bras pussent résister à la force centripète produite par la rotation de la jante et de l'eau. Soit χ cette force calculée après avoir concentré la masse de tout le système sur la circonférence moyenne ρ, que nous supposerons être par approximation la circonférence de giration

$$\pi r^2 R' = x.2\rho.\sin\gamma.$$

Enfin le poids de la jante pleine d'eau tend à fléchir verticalement le bras ; si P est la force qui agit à l'extrémité du rayon ρ, on aura en M

$$R'' = \frac{4.P.x}{\pi.r^3}.$$

La condition à remplir est

$$\sqrt{R^2 + R'^2 + R''^2} = S = 2.10^6 \text{ pour la fonte.}$$

Soient

$$T_m = 26 \text{ chevaux}$$
$$k = 0{,}92$$
$$v = 4{,}14$$
$$\rho = 0{,}450$$
$$n = 6$$
$$2\sin\gamma = 2.\sin\frac{180}{6} = 1$$
$$6.F.v = 73 \text{ k}, 6.4{,}14 = 0{,}92 \times 26 \times 75.$$

La couronne porte 28 aubes de 0,01 d'épaisseur; d'après les dimensions indiquées, le poids d'un arc égal à l'unité pris sur la circonférence de giration est égal à 349 kil. environ, d'où

$$\left(\frac{350}{9,81}\cdot\overline{414}^2\cdot\frac{1}{\pi r^2}\right)^2+\left(\frac{73\,.\,x}{\frac{1}{4}\,\pi r^3}\right)^2+\left(\frac{350\,.\,0,450\,.\,x}{\frac{1}{4}\,.\,\pi\,.\,r^3}\right)^2=4\,.\,10^{12}$$

$$\left(\frac{350\,.\,v^2}{9,81\,.\,3,14}\right)^2=38200$$

$$\left(\frac{4\,.\,73}{\pi}\right)^2=1371$$

$$\left(\frac{4\,.\,350\,.\,0,45}{\pi}\right)^2=40260\,;$$

d'où

$$38200\,.\,r^2+41\,631\;x^2=4\,.\,10^{12}\,.\,r^6.$$

Soit d'abord

$$4\,.\,10^{12}\,.\,r^6=41631\;x^2$$

pour $x=0,335$, c'est-à-dire pour la section du bras sur le moyeu, on trouve

$$r=0,0325.$$

Le terme négligé est

$$38200\,.\,r^2=40,5\,,$$

qui est trop faible devant

$$41631\,.\,x^2=5248$$

pour qu'il soit nécessaire de faire un nouvel essai.

On calculerait de même pour un point x quelconque. Pour plus de sécurité, on transforme la section circulaire en une section elliptique en augmentant le diamètre horizontal.

§ III. — Tige de piston et bielles.

Avant de parler du calcul des tiges de piston et des bielles, nous allons traiter un problème de dynamique qui trouve son application dans la circonstance du mouvement d'une bielle commandée par une manivelle.

Un point M (*fig.* 78) se meut uniformément d'une vitesse v sur une circonféreuce de rayon p, quel est le mouvement du point P, projection du point M sur un diamètre?

$$v = \theta p,$$

$$\alpha = \theta t,$$

$$x = p \,.\, \sin\alpha = p \,.\, \sin\theta t,$$

$$\frac{dx}{dt} = p \,.\, \theta \,.\, \cos\theta t,$$

$$\frac{d^2x}{dt^2} = -p\theta^2 \,.\, \sin\theta t,$$

$$F = m \,.\, j,$$

m, masse du point en mouvement,

$$F = -mp \,.\, \theta^2 \,.\, \sin\theta t,$$

$$F = -m\theta^2 \,.\, x.$$

On peut dire que P se meut sous l'action de F qui est maximum pour $x = -p$ et minimum pour $x = p$; en

$$M_0, \quad x = p, \quad F = -m\theta^2 p,$$

$$M_1, \quad x = -p, \quad F = m\theta^2 p,$$

ce qui n'est autre chose que la force centripète en ces points.

M peut bien être le bouton d'une manivelle, MA une bielle d'une grande longueur par rapport à p (5 fois p au moins), alors le mouvement de A est sensiblement le même que celui de P. Soit P une force que reçoit la bielle en A, Q la réaction de la manivelle sur l'articulation M, nous négligerons l'influence de la faible inclinaison de la bielle.

$$Q + P - m\theta^2 x = 0.$$

On connaît le sens et l'intensité de P ou de Q à chaque instant, de même que θ^2 et x ; on saura calculer le maximum des forces P et Q. Ce raisonnement trouve son application dans le calcul de l'articulation M pour une scie alternative, dont le châssis est d'un poids assez considérable et possède une grande vitesse.

Tiges de piston. — Une tige de piston de machine à vapeur peut être considérée comme encastrée dans le piston et soumise à une force produisant tantôt une traction, tantôt une compression. Pour plus de sécurité, on l'envisage comme un support libre et même on détermine ses dimensions au moyen des formules de Tredgold qui en donnent de plus grandes dimensions que celle de Hodgkinson. Pour la fonte

$$P = 230 \frac{d^4}{1{,}24d^2 + 0{,}00039l^2},$$

pour le fer

$$P = 267 \frac{d^4}{1{,}24d^2 + 0{,}00034l^2},$$

d diamètre, l longueur, exprimés en centimètres, P force en kilogrammes.

Bielles. — Les bielles sont en outre munies d'un renflement qui est tel que son diamètre d' est lié au diamètre d par la relation

$$(d' - d) = \frac{1}{6} d.$$

Les bielles en fonte sont encore armées de nervures.

P est la force qui comprime la tige du piston et la bielle au moment de la mise en marche et qui sert à trouver une première approximation de d. Il est nécessaire de voir si la force centripète n'influe pas d'une manière trop sensible et de modifier les dimensions en conséquence.

On s'assure de la forme de la fourche des bielles (*fig.* 79) en traçant ABC la ligne moyenne, puis en lui menant des normales. Sur la tangente en M l'on projette P et on doit avoir

$$a.l.R = \frac{1}{2}P.\cos i,$$

R, vu les vibrations, doit être pris assez faible, 2 à 3 kil. pour le fer. Le calcul de a donne la courbe M'A, M''A. Il ne reste plus qu'à s'assurer que $a_1.\,l.\,R = P$ et à raccorder les contours entre eux.

§ IV. — Des manivelles et des boutons de manivelle.

Une manivelle (*fig.* 8) est un levier destiné à supporter une force à son extrémité afin d'entraîner dans un mouvement de rotation un arbre auquel elle est adaptée ; d'autres fois c'est l'arbre qui entraîne la manivelle.

Soit P la force appliquée ; on calcule la manivelle comme un solide d'égale résistance, c'est-à-dire que x étant la distance d'une section, dont la largeur est b et l'épaisseur z, à B, on a

$$\mu = P.x$$

$$R = \frac{P.x}{6.z^2.b},$$

Pour chaque point x, on déterminera le z qui est l'ordonnée d'une parabole. On aura ainsi la forme de la manivelle qu'on raccordera d'une part avec le moyeu et d'autre part avec le bouton. Souvent on consolide cette pièce par une nervure.

1° Si la force P est constante et toujours perpendiculaire au levier, comme lorsque des hommes sont appliqués à un treuil, si A est le travail en chevaux à transmettre, n le nombre de tours,

$$P = \frac{A.75.60}{2.\pi.p.n};$$

2° Si la force P est constante en intensité et en direction, mais change de sens aux extrémités du diamètre qui lui est parallèle,

$$\frac{n}{60}.4.P.p = A.75,$$

$$P = \frac{A \times 75.60}{4.p.n}.$$

3° Si la force P varie en intensité, comme dans une machine à vapeur à détente (*fig.* 78), on voit que le moment fléchissant μ est d'autant plus grand en chaque section que le moment de la force par rapport au point o sera plus grand. C'est le maximum de ce moment qu'il s'agit de trouver.

P est la pression de la vapeur sur le piston. On a successivement

$P\cos\beta$, la force qui pousse le bouton,

$P\cos\beta.od$, le mouvement de cette force,

$d = oA \sin\beta$,

$oA = AQ - oQ = l.\cos\beta - p.\cos\alpha$,

$$\sin\beta = \frac{MQ}{l} = \frac{p.\sin\alpha}{l},$$

$$\cos\beta = \left(1 - \frac{p^2.\sin^2\alpha}{l^2}\right)^{\frac{1}{2}} = \frac{1}{l}(l^2 - p^2.\sin^2\alpha)^{\frac{1}{2}},$$

$$P.\cos\beta.od = P(l^2 - p^2.\sin^2\alpha)^{\frac{1}{2}}\frac{p.\sin\alpha}{l^2}[(l^2 - p^2\sin^2\alpha)^{\frac{1}{2}} - p\cos\alpha].$$

Supposons que la détente s'opère au point $h_0 = \frac{2p}{n}$

$$h.P = h_0.P_0,$$

$$h_0 = \frac{2p}{n}$$

$$h = p(1 - \cos\alpha).$$

Le moment cherché est, de $h = o$ à $h = h_0 = \frac{2n}{p}$,

$$P_0(l^2 - p^2.\sin^2\alpha)^{\frac{1}{2}}\frac{p.\sin\alpha}{l^2}[(l^2 - p^2.\sin^2\alpha)^{\frac{1}{2}} - p.\cos\alpha],$$

et à partir de h_0

$$\frac{2P_0}{n(1 - \cos\alpha)}(l^2 - p^2.\sin^2\alpha)^{\frac{1}{2}}\frac{p.\sin\alpha}{l^2}[(l^2 - p^2.\sin^2\alpha)^{\frac{1}{2}} - p.\cos\alpha].$$

Mais β est très-petite et l'on peut dire que $\cos B = 1$, on a de $h = o$ à h_0

$$P_0.\frac{p.\sin\alpha}{l}(l - p.\cos\alpha),$$

à partir de h_0

$$\frac{2P_0}{n(1 - \cos\alpha)}.\frac{p.\sin\alpha}{l}(l - p.\cos\alpha).$$

4° Dans la pratique de ce dernier cas beaucoup se contentent de prendre pour P la valeur moyenne

$$P = \frac{A \times 75 \times 60}{4.p.n},$$

A étant le travail de la machine en chevaux.

Bouton de manivelle. — Le bouton de la manivelle (*fig.* 81) est cette pièce qui s'assemble dans la tête de la bielle. Dans une manivelle double, il peut être considéré comme étant soumis à un effort tranchant ; dans une manivelle simple, l'effort que nous avons appelé Q au paragraphe précédent se trouve réparti sur la longueur du bouton et produit une flexion ainsi qu'un effort tranchant. La longueur l sera déterminée de telle façon que la pression par unité de surface ne dépasse pas une limite donnée, afin que l'huile ne soit pas chassée et que le graissage soit le plus complet possible. On aura, r étant le rayon inconnu,

$$\frac{L}{\pi r l} = 150{,}000 \text{ kil. par mètre carré,}$$

en supposant que la pression ne s'exerce que sur la moitié du cylindre. Dans tous les cas l doit être suffisamment grand pour que l'articulation se fasse facilement. Le moment fléchissant produit en A de la section d'encastrement l'effor moléculaire

$$R = \frac{r \cdot Q \cdot \frac{l}{2}}{\frac{1}{4}\pi \cdot r^4} = \frac{2Q \cdot l}{\pi r^3}.$$

L'effort tranchant en chacun des points de la section est

$$T = \frac{Q}{\pi r^2}.$$

On s'impose la condition

$$\sqrt{\left(\frac{2Q \cdot l}{\pi r^3}\right)^2 + \left(\frac{\pi r^2}{Q}\right)^2} = S,$$

S une limite qu'on peut faire égale à 6 kil. par millim. pour le fer. l doit être remplacée par sa valeur $\frac{L}{H. \; r. \; 150{,}000}$, d'où

$$\pi^4 \, \overline{150000}^2 \, 6^2 . 10^{12} . r^8 - Q^2 . \overline{150000}^2 . \pi^2 . r^4 - 4L^4 = 0.$$

On résoudra cette équation par approximations successives. Quant à la force Q, elle est, suivant le cas, l'une des forces P ou P_0 dont nous venons de parler, mais il est nécessaire très-souvent (comme dans les scies alternatives) de voir quelle est l'influence du changement de sens du mouvement.

§ V. — Tourillons et arbres.

Les arbres reposent sur des points d'appui au moyen de leurs extrémités appelées tourillons. Une première chose à faire, c'est de déterminer l'action de l'arbre, sur son coussinet. Soit (*fig.* 82) une roue hydraulique du poids P, entraînant un engrenage, l'action mutuelle étant R. Le travail transmis peut être supposé produit par une force parallèle à R, telle que

$$F.q = R.q'.$$

La réaction sur le coussinet est la résultante de la translation du poids P et de F + R.

On admet que le tourillon ne pose sur le coussinet que par la moitié de sa surface, πrl, et que la pression par unité ne doit pas dépasser 200000 à 240000 kil.,

$$Q = \pi . r . l . 200000$$

r et l étant exprimées en mètres.

Le tourillon d'un arbre de transmission n'est soumis qu'à une flexion, puisqu'il existe sur sa longueur une force uniformément répartie et dont la résultante a son poids d'application à la moitié de la longueur l,

$$R = \frac{2Q.l}{\pi r^3},$$

d'où r^3.

Pour un arbre commandé par une manivelle, le tourillon est soumis à une torsion

$$Pp = \frac{FI}{r} \qquad I = \frac{1}{4}\pi r^4,$$

F est la résistante à la torsion (voir sa valeur au chapitre III). Il faut chercher le maximum de MP ; d'après ce que nous avons dit à l'article *Manivelle*,

$$1^{er} \text{ cas} \qquad Pp = \frac{A \times 75.60}{2.\pi.n}.$$

$$2^{e} \text{ cas} \qquad Pp = \frac{A.75.60}{4.n},$$

3e cas. Le maximum de

$$P_0 \frac{p.\sin\alpha}{l}(l - p.\cos\alpha),$$

entre

$$x = 0 \qquad \text{et} \qquad x_0 = \frac{2p}{n},$$

et de

$$\frac{2P_0}{n(1-\cos\alpha)} \frac{p.\sin\alpha}{l}(l - p.\cos\alpha),$$

entre

$$x = x_0 \qquad \text{à} \qquad x = 2p.$$

Dans ce 3e cas, n est l'indice de la détente.

Cette force F et R qui résulte de la flexion doivent, en un point de la section d'encastrement, qui est la plus exposée, satisfaire à la condition

$$S = \sqrt{F^2 + R^2}.$$

Les arbres des machines sont toujours soumis à une flexion et le plus souvent aussi à une torsion. Le moment fléchissant se détermine comme nous l'avons vu pour les pièces posées sur appuis, le couple de torsion dépend du moment des forces perpendiculaires à l'axe et non dans son plan ; il n'y a donc rien de particulier à ajouter.

§ VI. — Transmissions de mouvement.

Engrenages. — Ce n'est pas ici le lieu de résoudre complétement la question des engrenages; il ne s'agit que de leur résistance. Étant donnés les diamètres de deux roues, on trouve, d'après les principes de la cinématique, les dents de ces deux engrenages avec les formes les plus convenables. Il faut, e, s étant connues (*fig.* 83), trouver l'épaisseur l. On considère une dent comme supportant à son extrémité toute l'action mutuelle.

Soient N le nombre de chevaux que la roue doit transmettre au KT, K tenant compte de la perte de travail en frottement et de diverses autres manières, depuis le premier organe recevant l'impulsion jusqu'à cette roue, T étant le travail total que reçoit la machine;

n le nombre de tours par minute, r le rayon de la roue,

$$\text{vitesse} = \frac{2\pi . r . n}{60},$$

$$P = \frac{60 . N . 75}{2\pi . r . n},$$

$$\mu = sP, \qquad R = \frac{v\mu}{I} = \frac{6 . Ps}{l . e^2}, \quad \text{d'où } l.$$

l ne peut être trop grand, sans quoi il y aurait contact imparfait entre les dents. Si l'on trouve l trop grand, on recommence l'épure en prenant r plus forte. On a d'ailleurs fixé par expérience que pour fonte

$$e = 0,105\sqrt{P};$$

pour bois,

$$e = 0,145\sqrt{P};$$

pour bronze et cuivre,

$$e = 0,131\sqrt{P},$$

e étant exprimée en millimètres, et que, habituellement,

$$l = 4,5e.$$

Pour rendre un engrenage plus résistant, on est souvent obligé d'encastrer les extrémités des dents dans des joues.

Les bras sont calculés comme des solides d'égale résistance, si leur nombre est m, l'effort P se répartissant entre eux, au point x,

$$z^2 = \frac{6Px}{l.m}.$$

l largeur de la section.

La jante reçoit dans la pratique l'épaisseur de la denture.

Roues hydrauliques. — Pour les roues hydrauliques à marche lente, il n'est pas nécessaire de tenir compte de la force centrifuge comme pour les turbines; les bras sont calculés comme ceux des roues ordinaires.

N puissance de la chute,

K rendement de la roue,

m nombre de bras.

$$\frac{R.N.75.60}{2.\pi.r.n.m} = F.$$

La force qui, appliquée à chaque bras, donnerait le travail KN.

Les roues suspendues tendent à se déformer suivant le contour pointillé de la figure (*fig.* 84). Ce n'est donc qu'un peu au-dessus du diamètre horizontal que les tiges de fer ne sont plus tendues. On pourra supposer que tout le poids de la roue n'est porté que par la moitié des tiges et qu'il est uniformément réparti sur chacune d'elles. Les tirants obliques seront tels qu'ils puissent rendre la roue indéformable sous l'action de la force mF qu'on répartira entre eux suivant leur disposition.

Courroies. — Pour qu'une courroie passée sur deux poulies ne glisse pas, il faut qu'elle soit suffisamment tendue. Si l'on détend progressivement, il arrivera un moment où les poulies ne seront plus entraînées. Le mouvemen ayant lieu dans le sens de la flèche (*fig.* 85), on a trouvé qu'à l'instant où le glissement va commencer

$$\frac{Q}{p} = e^{f\alpha^1}$$

α' angle embrassé sur la poulie qui n'est plus entraînée,

$$e = 2{,}71828,$$

f coefficient de frottement de la courroie sur la poulie, indépendant de la largeur.

D'après M. Morin :

f=0,47 pour courroies ordinaires sur tambour en bois,
0,50 » neuves »
0,28 » ordinaires sur poulies en fonte,
0,38 » humides »
0,50 cordes en chanvre sur tambours en bois.

Pour qu'il n'y ait pas de glissement, il faut que

$$\frac{Q}{p} < e^{f\alpha^1}$$

α' le plus petit angle des deux poulies

$$(Q - p)\,\frac{2\pi.r.n}{60} = N.75,$$

$$p = Q - \frac{N.75.60}{2\pi.r.n},$$

$$Q.(e^{f\alpha} - 1) = \frac{N.75.60}{2.\pi.r.n}.e^{f\alpha},$$

d'où Q, qui sert à déterminer les dimensions de la courroie. M. Morin admet qu'elle peut résister à $0^k,25$ par millimètre carré.

La poulie a dans la pratique une largeur égale à 1,2 de l, largeur de la courroie, et le bombement $=0,03\ l$. La poulie se calcule comme un appareil de rotation ; dans certains cas, si elle a suffisamment de masse et de vitesse, elle sert de volant.

NOTE. — Il m'a été communiqué par M. Dru, ingénieur civil, un moyen pratique de tracer la courbe des moments fléchissants dans le cas de ponts en forme de poutre droite. On détermine le μ minimum (*fig.* 86), puis les points qui répondent à $\mu=0$, et par les trois points A, B, C, on fait passer un arc de cercle qui se confond sensiblement avec l'axe de parabole cherché.

FIN.

TABLE DES MATIÈRES.

Paris. — Imprimé par E. THUNOT et Cie, rue Racine, 26.

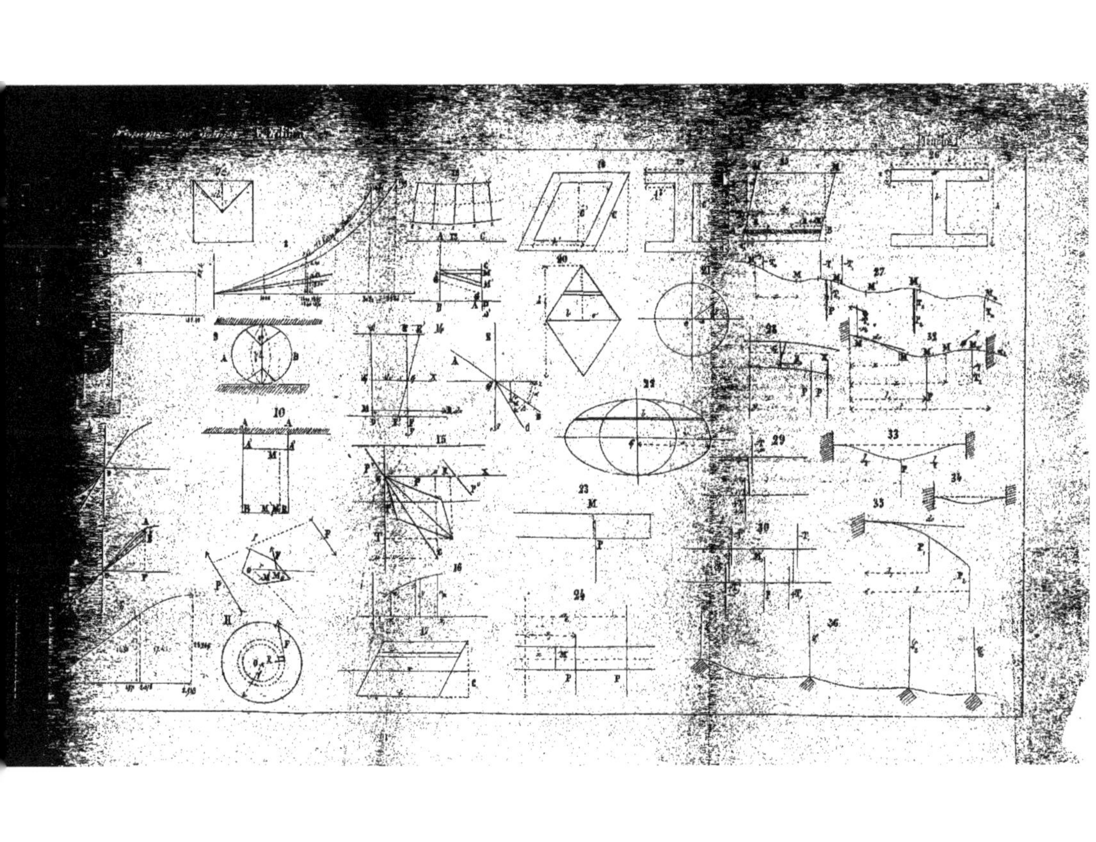

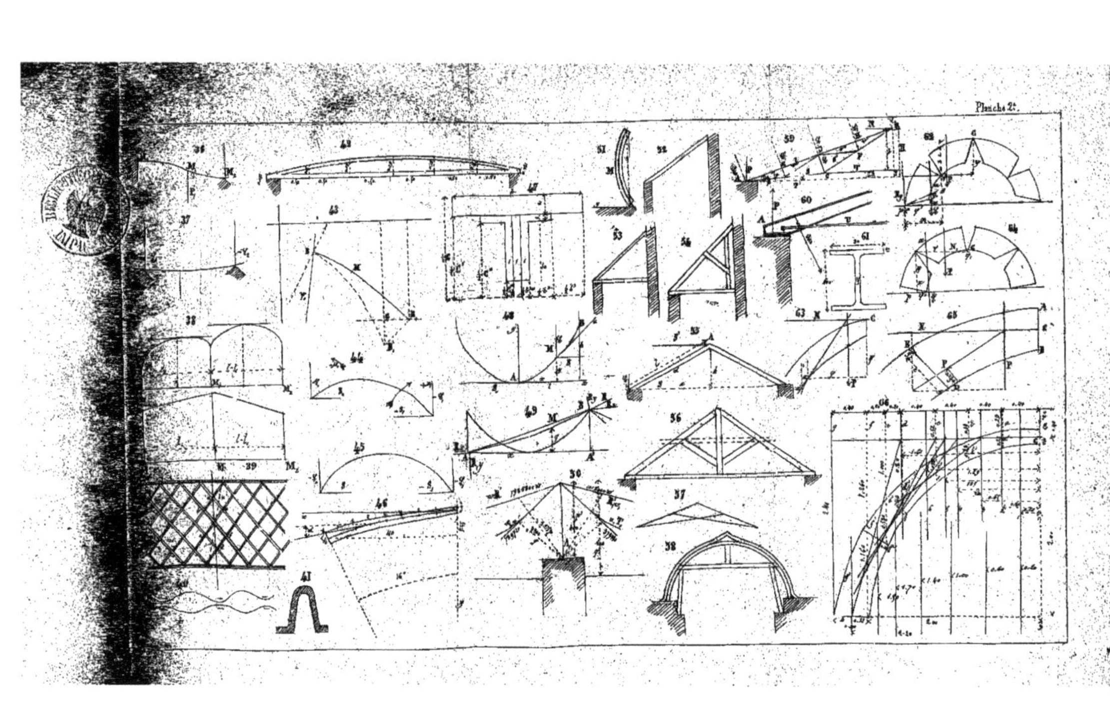
Planche 2e.

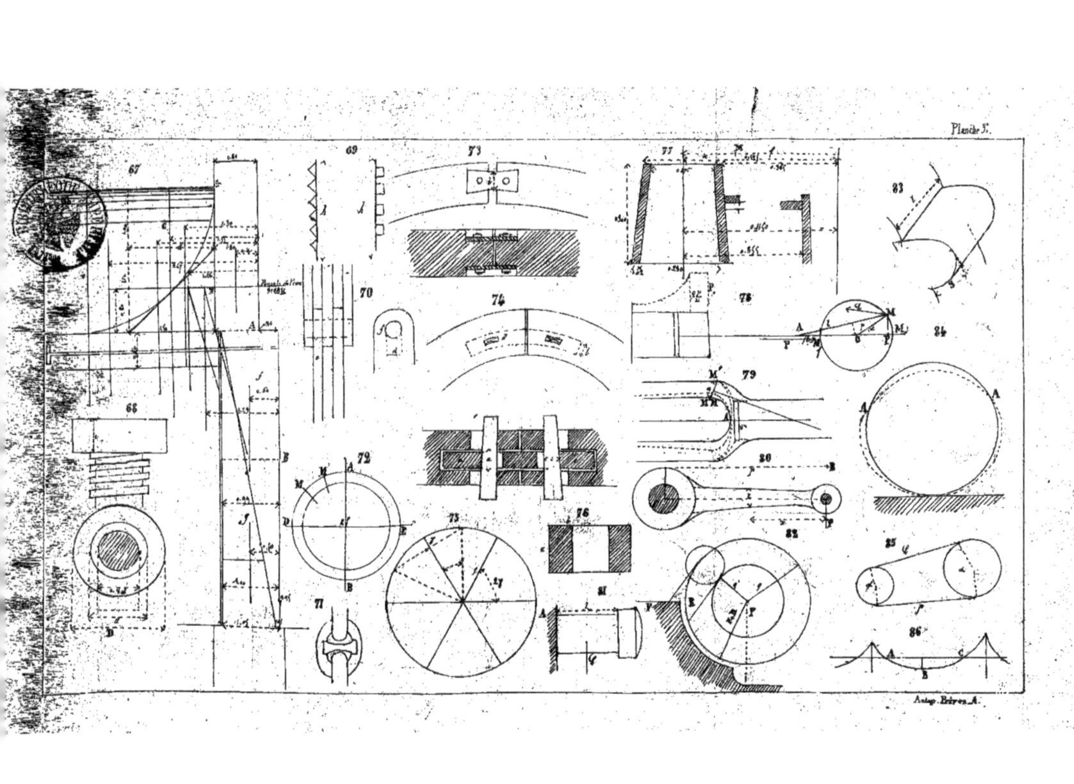

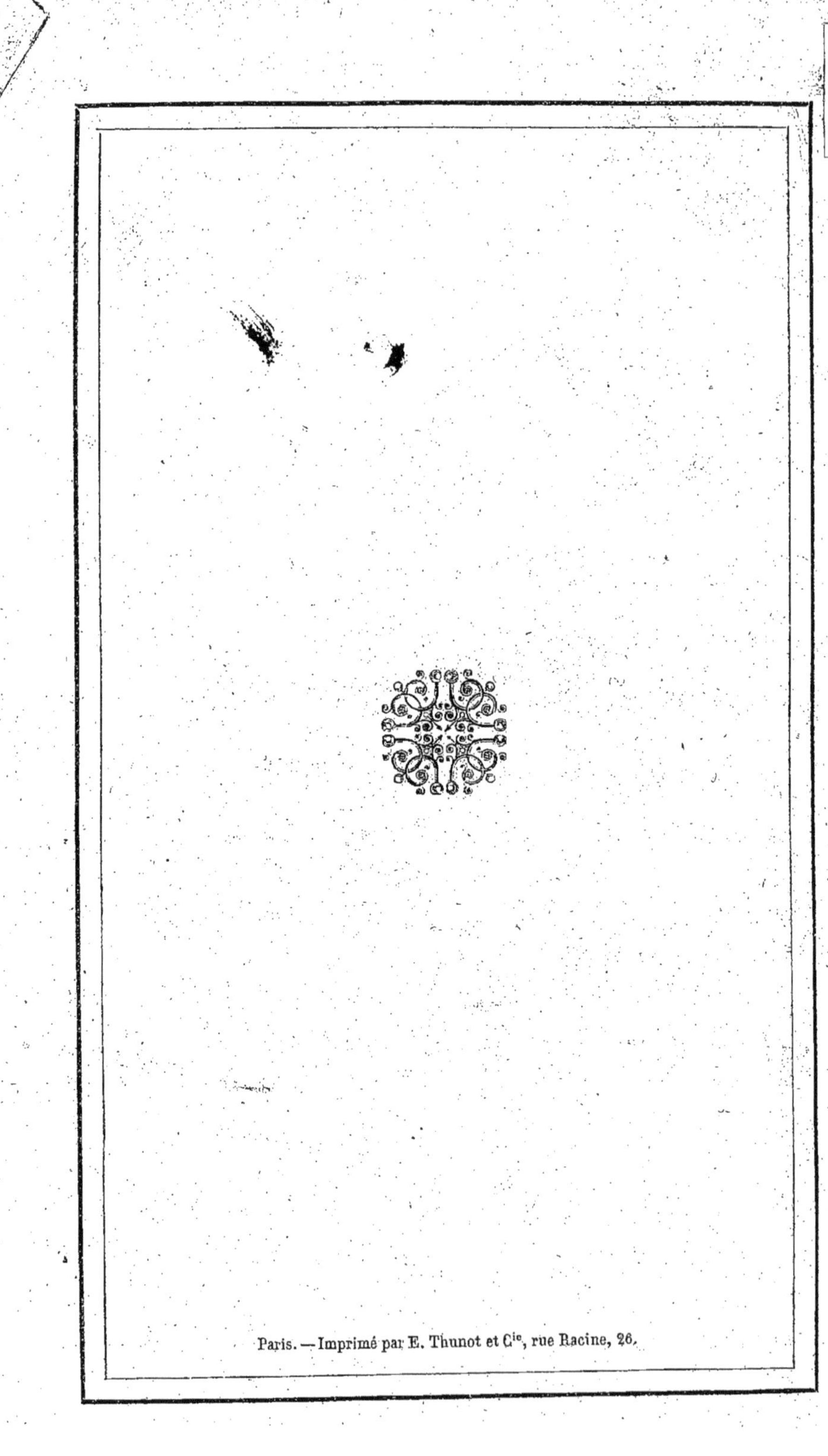

Paris. — Imprimé par E. Thunot et Cie, rue Racine, 26.

www.ingramcontent.com/pod-product-compliance
Ingram Content Group UK Ltd.
Pitfield, Milton Keynes, MK11 3LW, UK
UKHW012038240726
13965UKWH00003B/876

9 782013 062206